가 장 오 래 된 첨 단 산 업

농업의 미래

가장 오래된 첨단산업
농업의 미래

1판 2쇄 발행 2024년 12월 30일

지은이 성형주

펴낸곳 동아일보사 | **등록** 1968.11.9(1-75) | **주소** 서울시 서대문구 충정로 29 (03737)
편집 02-361-1069 | **팩스** 02-361-0979
인쇄 도담프린팅

저작권 ⓒ 2023 성형주
편집저작권 ⓒ 2023 동아일보사

ISBN 979-11-92101-25-5 03520

값 21,000원

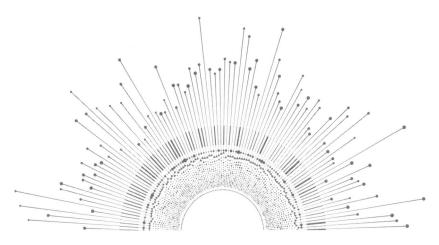

가 장   오 래 된   첨 단 산 업

농업의 미래

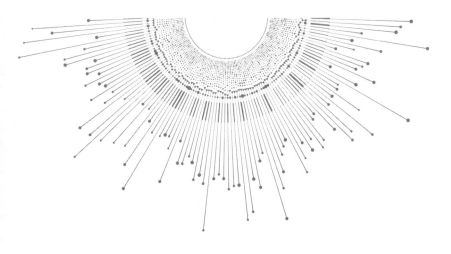

들어가며

마흔이 넘어서 농업 공부를 시작한 만학도인 필자는 농업 전반에 걸쳐 궁금한 것이 너무나 많았다. 닥치는 대로 관련 서적과 논문을 찾아 읽었으나 잘 소화하지 못한 탓인지 많은 문제가 명확히 정리되지 않았다. 그러던 차 코로나19 바이러스에 감염되어 근래 몇 년 동안 한 번도 가지지 못했던 일주일간의 강제 휴가의무격리를 보냈다. 이 기간에 동탄 연구실에서 본 졸저의 절반가량을 작성할 수 있었다. 발간을 앞둔 지금 돌이켜보니 많은 이에게 엄청난 고통과 피해를 준 코로나19 덕분에 집필에 착수할 수 있었다는 사실이 참 아이러니하게 느껴진다.

처음 책을 써야겠다고 결심할 때 내게는 몇 가지 목적이 있었고, 최대한 그 목적에 충실하고자 노력했다. 첫 번째로, 나는 농업이 무엇인지, 얼마나 중요한 산업이며 혁신적인 산업인지 스스로 확인하고 싶었다. 농업에 종사하거나 농업을 연구하는 여러 선후배들에게는 죄송한 말씀이지만, 지능정보기술이나 자동차, 반도체 같은 소위 첨단산업 분야의 연구자들을 만나면 왠지 당당하지 못할 때가 종종 있었다. 비단 우리나라뿐만 아니라 미국, 유럽 등 일부 선진국을 제외한 대다수 나라에서 농업은 구태의연한 낙후산업이라는 그릇된 인식이 만연해 있는 현실 때문일 것이다. 특히 한국의 경우는 60년대 이후 국가 주도의 급속한 산업화 과정에서 지속적으로 발생한 과도한 이농현상이 농업 생산성을 유지·발전시킬 수 있는 자본의 대체가 배제된 상태로 진행되었기에 같은 기간 자동차, 조선, 화학, 반도체 등 자본이 집중된 다른 산업의 눈부신 발전에 비해 그 퇴보가 더욱 두드러졌다. 그래서 농업 분야 연구자라는 것에 대해 자존감이 부족하지 않았나 하는 생각이 든다.

이 책의 '1부 농업은 첨단산업인가'는 스스로 그 답을 찾기 위한 탐구 과정이다. 필자는 늘 농업이라는 산업은 다른 산업과는 다른 나름의 독특한 성장 방식을 가지고 있다고 생각했고, 이러한 차이가 농업이 진부한 낙후산업이라는 착시를 부른다고 여겼다. 따라서 이 같은 편견과 착시가 도대체 어디에서부터 시작되었고, 왜 이것이 오류인지를 밝혀보고 싶었다. 그리고 이 과정에서 과거와 현재는 물론 미래에도 농업이 인류의 발전을 주도해오고 앞으로도 주도해갈 가장 오래된 첨단산업이라는 주장을 펼치고자 했다.

여하간 필자는 본인 스스로도, 그리고 현재 농업에 종사하고 있는 농업인이나 미래의 농업인들이 자기 자신의 직업에 자부심을 품고 당당하게 한국 농업의 혁신을 주도해나가길 열망한다. 그리고 이 졸저가 농업에 종사하는 여러분의 자부심을 높이는 데 조그마한 기여라도 할 수 있기를 기대한다.

이 책을 저술한 두 번째 목적은 미래 농업인들에게 향후 한국 농산업 혁신의 가장 중요한 키워드가 될 데이터 경제와 디지털 전환에 대한 폭넓은 이해를 제공하기 위함이다. 사실 2016년 스위스 다보스포럼에서 세계경제포럼WEF의 창시자인 클라우스 슈밥Klaus Schwab이 4차 산업혁명이라는 개념을 처음 제시한 이래 한국만큼 이 단어가 광범위하게 사용된 나라도 찾아보기 힘들다. 사회 전 분야에서 4차 산업혁명이라는 단어가 수시로 사용되고 모두가 이를 잘 이해하고 있다는 인식이 있다 보니 오히려 4차 산업혁명의 실제 발현 과정이라고 할 수 있는 데이터 경제나 디지털 전환에 대한 농업 분야 개념서는 찾아보기 힘든 것이 현실이다. 대부분의 연구가 그 구현 형태인 정밀 농업Precision Agriculture 등의 실행 방안과 같은 정책 연구에 초점을 맞추고 있어 아직 데이터 경제나 디지털 전환에 대한 이해가 부족할 수밖에 없는 농업 분야 학생들에게 유용한 참고자료를 제공해주고 싶었다.

'2부 새로운 전환'이 바로 그러한 내용을 담고 있다. 2부에서는 본격적으로 데이터 경제 및 디지털 전환에 대해 이론적으로 살펴보고 전 세계 농업 선진국의 농업 부문 데이터 경제 추진 현황 등을 소개하였다. 여기서 소개한 현황은 2022년 4월경까지 조사한 내용을 토대로 했다. 매일 혁신이 일어나고 있는 세계 농업의 현장 상황을 고려할 때, 1년이 넘는 시차는 큰 한계를 품고 있음을 자인할 수밖에 없다. 혹시 개정판을 발간할 기회가 생긴다면 반드시 그 이후의 변화를 꼼꼼히 추적하여 업데이트할 것을 다짐한다.

이 책을 저술한 세 번째 목표이자 본론이라고 할 수 있는 것이 '3부 한국 농업의 디지털 전환과 미래'이다. 이 부분은 실제 생산 및 유통 현장에서 현재진행형으로 숨 가쁘게 이루어지고 있고 동시에 다양한 변화가 일어나고 있기에 필자의 주관적 이해로 잘못된 의견을 제시하지는 않을까 염려되었고, 이 때문에 6개월가량 집필을 중단하기도 하였다. 그럼에도 불구하고 집필을 강행한 것은 필자에게 부여된 많은 기회와 혜택을 통해 얻은 정보와 지식을 더 많은 농업인 및 연구자들과 공유해야 한다는 책임감 때문이다. 농업 내에서 각자가 수행하고 있는 부문 외에 다른 부문의 변화도 잘 이해하고 있어야 비로소 한국 농업 전체의 혁신 흐름에 제대로 올라탈 수 있다고 생각한다.

지난 몇 년간 필자는 지속적으로 농식품부 자문회의에 참여해왔다. 필자보다 높은 식견을 가진 전문가들이 많이 있는데도 불구하고 정보통신 분야 실무에 조금 더 익숙하다는 이유로 자문회의에 참여하여 이 덕분에 많은 정보와 식견을 얻을 수 있었다. 명색은 자문위원이었지만 필자에게는 이 시간이 우리나라 최고의 전문가들에게 조금이라도 더 배울 수 있는 귀한 수업과 같았다. 이밖에 우리나라 농산물 유통의 미래를 결정할 많은 연구에도 운 좋게 참여했는데, 특히 농산물 온라인 도매시장 마스터플랜 연구에 참여하여 농촌경제연구원 김병률 박사님, 김성우 박사님과 매일 열띤 토론을 하며 생각을 가다듬는 기회를 가진 것은 큰 행운이었다.

또 한 가지 잊을 수 없는 것이 작년 12월 일본 도매시장 실태 조사에 참여한 일이다. 물론 그전에도 현장 조사를 다녀온 적이 있으나 이번에는 동행한 농진청의 위태석 박사님으로부터 세세한 배경 설명을 들으며 온라인 도매시장이 가져올 도매시장의 미래에 대해 보다 깊이 있게 가늠할 수 있었다.

늦었지만 항상 가르침을 주시는 선배 및 동료 학자들 그리고 수시로 함께 토론하며 올바른 방향을 찾으려고 노력해준 농림축산식품부 김종구 유통소비정책관님과 유통정책과 직원들, aT 신유통처 이문주 처장님과 온라인 도매시장 TF 직원들, 그리고 농산물 도매시장 종사자 여러분에게 늘 감사하고 있음을 이 지면을 빌려 고백한다.

여물지 못한 식견으로 책을 발간한다는 것이 나에게는 큰 두려움이었다. 조금 더 공부가 깊어지면 그때 집필을 하는 것이 맞는 게 아닐까 고민할 때 누군가에게는 필요할 테니 망설이지 말고 일단 쓰라고 격려해주신 아버님에게도 깊이 감사드린다. 도저히 범접할 수 없는 태두泰斗와 같은 학문적 성취를 이루신 당신께서는 늘 존재만으로도 필자에게 든든한 격려와 매서운 채찍이 되어주셨음을 고백하고 싶다. 아울러 부족한 부분은 반드시 미래의 노력으로 메꾸어나갈 것을 약속드리겠다는 말씀을 전한다.

　필자의 졸고를 기꺼이 출판해준 동아일보사에도 감사드린다. 마지막으로, 벌써 몇 년째 주말 없이 출근하며 연구소를 지켜주고 있는 하중훈, 송치홍 두 분 이사님과 새롭게 합류하여 힘을 실어주고 있는 류상모 박사님께도 깊이 감사드린다.

대한민국 농업의 눈부신 디지털 혁신을 기다리며
2023년 가을
농산업융합연구소 ABC lab

소장 성형주

미래를 알려거든 먼저 과거를 돌아보라.
欲知未來 先察已然

−《명심보감(明心寶鑑)》

목 차

PART 01

농업은
첨단산업인가

인류는
여전히 배고프다

기아와 식량위기는
여전히 존재한다

2020년 노벨평화상은 유엔 산하 기구인 세계식량계획wfp에 주어졌다. 노벨위원회는 "세계식량계획은 기아에 대응하고, 분쟁 지역에 평화를 위한 조건을 개선하고, 기아를 전쟁과 분쟁의 무기로 사용하는 것을 막는 데 기여하였다"라고 선정 이유를 밝혔다. 또 "백신이 나오기 전 혼란에 대응한 최고의 백신은 식량"이라는 세계식량계획의 주장을 인용하며 국제사회가 코로나19의 전 세계적 대유행에 대항하는 노력을 강화하는 과정에서의 공로를 평가하였다.

한국을 포함한 대다수 선진국에서 기아는 현실과 동떨어진 먼 과거의 문제이며, 오히려 비만이 더 심각한 문제로 인식되는 것이 사실이다. 체중 감량과 관련된 키워드다이어트, 다이어트 보조제, 홈 트레이닝 등가 항상 각종 검색사이트의 상위권에 랭크되고, 코로나19로 인해 외부 활동이 줄면서 '확찐자'가 늘어나는 것이 사회문제가 되는 상황에서 기아나 식량위기 같은 단어가 생뚱맞게 느껴지는 것은 어쩌면 자연스러운 일이다.

그런데 '기아' 혹은 '식량위기'는 이제 정말 일부 후진국만의 문제일까?

2022년 2월 러시아의 우크라이나 침공으로 시작된 우크라이나 전쟁은 인류가 달성한 식량 안정성이 얼마나 취약한 것인지 여실히 보여주고 있다. 세계 밀 수출량의 10퍼센트, 옥수수 수출량의 14퍼센트, 해바라기유 수출량의 약 절반을 담당하고 있던 우크라이나의 농산물 수출이 전쟁으로 인하여 타격을 받자 대두, 밀, 옥수수 등 주요 곡물 가격은 천정부지로 치솟기 시작했다. 유엔 식량농업기구FAO가 발표한 3월 세계 곡물가격지수는 169.5포인트로 사상 최고치를 경신했다. 급기야 5월에는 세계 3위의 밀 수출국인 인도가 '식량보호주의'를 내세워 밀 수출 금지령을 발표하기도 했다. 유엔 세계식량계획에서는 "우크라이나 항구 봉쇄가 길어지면 내년 초에는 전 세계가 식량난에 직면할 것"이라고 경고한 바 있다.

쌀을 제외한 곡물 자급률이 3.2퍼센트2020년 기준로, 국가별 식량안보 수준을 비교 평가하는 세계식량안보지수 GFSI에서 OECD 국가 가운데 최하위권에 머물러 있는 우리나라의 경우, 국제 곡물 가격 상승은 이를 원재료로 하는 식품 가격 상승을 넘어 사회의 안정성을 흔드는 안보 문제로까지 확대될 수 있다.

사실 우크라이나 전쟁으로 식량위기가 가중되기 이전에도, 그리고 코로나19 팬데믹이 발생하기 이전에도 여전히 전 세계 인구 10명 중 1명은 고픈 배를 움켜쥔 채 잠이 들고, 그보다 훨씬 많은 사람들세계 인구 3명 중 1명이 어떤 형태로든 영양실조로 고통받고 있었다. 또한 전 세계 아동 가운데 20퍼센트 이상이 영양 결핍으로 인한 성장 지연을 겪어왔다.[1]

지난 2015년 유엔은 2030년까지 인류의 삶을 개선하기 위한 17개 지속 가능한 개발목표SDGs[2]를 채택하였고, 그중 두 번째 목표로 기아와 영양실조 종식인 '제로 헝거Zero Hunger'를 선정하였다. 그러나 안타깝게도 식량농업기구의 최근 보고에 따르면 2014년 이후 세계의 기아 인구는 오히려 지속적으로 증가하는 추세이다. 2014년 이전까지 수십 년간 지속적으로 감소해오던 전 세계 영양부족 인구는 2019년이 되자 2014년에 비해 6천만 명이 늘어 6억 9천만 명으로 증가하였다. 이러한 현상은 코로나19 팬데믹 이후 조금 더 악화되고 있다. 결국 현재로서는 2030년에 '제로 헝거'를 달성하기는커녕 전 세계 인구의 9.8퍼센트에 해당하는 8억 4,000만 명이 기아에 시달릴 것으로 예측된다.

아이러니하게도 세계의 기아 인구가 지속적으로 증가하는 추세와 무관하게 영양 과잉이라고 할 수 있는 성인 비만율은 전 세계에서 모두 증가하고 있다. 2016년 전 세계 성인 인구18세 이상의 13.1퍼센트가 비만이며, 이는 2000년 대비 8.7퍼센트가 증가한 수치이다. 선진국권이라 할 수 있는 북아메리카와 유럽, 오세아니아 지역의 성인 비만율은 약 27~28퍼센트에 육박하며, 중남미·카리브의 성인 비만율도 20퍼센트에 근접하고 있다.

현재 굶주리고 있는 인구를 구제하는 것도 매우 시급한 과제이지만, 더 큰 문제는 늘어날 인구다. 1999년 60억 명을 넘어선 세계 인구1987년 50억 명에서 12년 경과는 2011년에 70억 명12년 경과에 달했고, 2022년 80억 명11년 경과도 돌파하였다. 2024년에 80억 명, 2048년에 90억 명을 넘어설 것으로 전망한 2020년 유엔 세계 인구 전망치보다 훨씬 빠른 속도이다. 그러므로 증가하는 식량 수요를 감당하기 위해서는 지구온난화에 따른 기상 이변, 물 부족, 전염병 확산 등 악화되고 있는 환경에서도 단위면적당 생산량이 2030년까지 현재의 1.5배, 2050년까지 2배 이상으로 늘어나야 한다.

최근까지의
세계 농업

무엇을, 어떻게 해야 할까 고민하기에 앞서 세계 농업이 현재 어떠한 상황인지 조금 더 알아보자.

2019년 기준 세계 농업 부문 노동자는 8억 8,400만 명으로, 농업은 전체 노동자의 27퍼센트에게 일자리를 제공하고 있다. 여전히 가장 많은 노동자가 종사하는 산업이기는 하지만 전체 노동자의 40퍼센트에 해당하는 10억 5,000만 명이 종사하던 2000년에 비하면 1억 6,600만 명의 일자리가 줄어든 수치이다. 2000년과 2019년 사이 농업 부문 고용이 가장 크게 감소한 지역은 아시아다. 아시아에서 약 8억 명에 달하던 농업 부문 종사자의 4분의 1에 해당하는 2억 명이 다른 산업으로 이동했다. 같은 기간 유럽의 농업 부문 노동자는 3,500만 명에서 1,900만 명으로 47퍼센트 감소했다. 다만 아프리카에서는 농업 부문 고용이

다소 증가하였는데, 현재 아프리카 전체 고용 인구 중 49퍼센트가 농업에 종사하고 있다.

농업 부문 노동자 수 감소와 함께 농업 면적도 2000년 대비 2퍼센트 8,000만 헥타르가량 감소하여 2018년 전 세계 농업 면적은 48억 헥타르를 기록했다. 그럼에도 불구하고 세계 GDP에서 농업이 차지하는 비중은 2000년 이후 약 4퍼센트 수준에서 안정적으로 유지되고 있으며, 같은 기간 농업의 부가가치는 68퍼센트 상승하여 2018년에는 3조 4,000억 달러에 도달했다.

전 세계 주요 작물 생산 중 절반이 사탕수수, 옥수수, 쌀, 밀로 구성되는데, 이들 주요 작물의 생산량은 2000년부터 2018년 사이에 약 50퍼센트 증가하여 92억 톤에 도달하였다. 이와는 별도로 식물성 유지류 생산은 108퍼센트 증가하였다.

우리의 최애 식품, 고기는?

같은 기간에 육류 생산도 47퍼센트 증가하여 3억 4,200만 톤을 기록하였다. 현재 인류가 가장 많이 생산하는 육류는 여전히 돼지고기이지만, 육류 생산 증가분의 절반 이상은 닭고기가 차지하였다. 닭고기 생산이 늘어나는 점이 그나마 다행스러운 것은 닭고기를 만드는 과정에서 발생하는 온실가스 배출량이 적고, 사료 투입량 대비 회수율이 상대적으로 높기 때문이다. 통상적으로 소고기 1킬로칼로리를 생산하기 위해서는 30킬로칼로리의 사료가 필요하지만, 닭고기 1킬로칼로리를 생산하는 데는 3.2킬로칼로리의 사료가 투입된다. 온난화나 이상기후 등으로 인한 생산 차질과 함께 '육류 소비 증가로 인한 가축 사료 수요의 증가'가 2007년과 2008년에 발생한 애그플레이션Agflation[3]의 주요 원인 중 하나로 지목되는 것도 이 때문이다.

계속되는 인구 증가 및 소득 증가 등에 따라 육류 소비량은 앞으로도 빠르게 늘어날 것으로 전망되지만 이를 공급할 가축의 수는 오히려 감소할 수밖에 없는 환경이 도래하고 있다. 가장 큰 장애 요인은 기후변화에 따른 이상 기온 현상이다. 2023년 여름, 전 인류의 81퍼센트가 기후변화로 큰 더위를 경험하였다. 이뿐만 아니라 유례없는 산불, 홍수 등도 더 빈번해지고 있다. '기후변화에 관한 정부 간 협의체IPCC'의 세계 195개 회원국 대표단이 검토한 〈기후변화 2022: 영향과 적응 그리고 취약성Climate Change 2022: Impacts Adaption and Vulnerability〉 보고서에서는 지금과 같이 온실가스를 지속해서 배출하면 현재의 농업, 어업, 축산업 가능 지역이

2050년까지 10퍼센트, 2100년까지 30퍼센트 이상 감소하는 것으로 예측했다. 결국 기후변화가 계속되면 사료 작물의 생산과 축산에 필요한 땅과 물이 모두 부족해진다는 것이다. 그래도 축산업이 일방적으로 기후변화 탓을 할 수 있는 처지는 아니다. 현재의 축산업은 거대한 온실가스를 발생시키고 있는 산업 중 하나이기 때문이다. 특정 개체나 집단이 발생시키는 온실가스의 총량인 탄소발자국이 닭과 같은 가금류는 1킬로그램당 2~6킬로그램, 돼지고기는 4~11킬로그램 그리고 소고기는 무려 9~120킬로그램이나 된다.

축산업을 위협하는 또 한 가지 요소는 바로 감염병 증가이다. 생산성 증가, 사료 요율 증가 등을 위한 인위적인 개량과 공장식 사육 등으로 가축들이 인수 공통 감염병에 취약해진 데다가 기후변화 등으로 감염병을 유발하는 바이러스들의 활동이 활발해져서 구제역, 아프리카 돼지 열병, 조류 인플루엔자와 같은 가축 감염병이 지속적으로 증가하고 있다. 이러한 가축 감염병이 사람으로 전파돼 집단 발병하는 또 다른 문제 역시 지속적으로 늘어나는 추세다.

앞으로 더 늘어날 소비를 충당하기 위해서는 농산물과 축산물 공급량이 지난 20여 년 동안 그래왔던 것처럼 지속적으로 빠르게 증가하여야 한다. 이와 동시에 기후변화를 유발하는 기존의 환경 착취적 생산법을 최대한 배제해야 한다.

세계가 주목하는 새로운 시장, 푸드+테크

이것이 과연 가능한 일일까? 이어지는 챕터에서 보다 자세히 다루겠지만 지나온 1만 년 이상 인류의 먹고 사는 문제를 담당한 농업은 항상 인류가 필요로 하는 크기와 속도만큼만 혁신하며 먹거리 문제를 해결해왔다. 여기에는 당연히 기술이 필요하다. 현재 우리가 당면한 문제를 해결하기 위해 급부상하고 있는 기술들을 우리는 푸드테크라고 통칭한다. 푸드테크는 식품과 기술의 융합 분야로서 원재료인 농수축산물의 생산에서부터 식품 제조, 가공, 유통, 소비에 이르는 식품산업 가치사슬 전 분야에 AI, IoT, 3D 프린팅, 로보틱스, 생명공학 등 첨단 지능정보기술을 접목하여 산업의 새로운 지평을 열어가고 있다. 대략 2015년 경부터 세계적으로 주목받기 시작한 푸드테크 산업은 현재 연 1,000조 원 시장에서 10년 내 연 4경 원 규모로 커질 것으로 예상되고 있다.

식물공장, 스마트팜, 지능화 농기계와 같은 생산 분야부터 쿠팡, 마켓컬리와 같은 플랫폼을 이용한 유통 분야, 키오스크와 조리 또는 서빙로봇과 같은 소비 현장의 무인화 기술, 그리고 식물, 미생물, 해조류 심지어는 공기까지 활용한 대체식품 분야에 이르기까지, 푸드테크는 이미 인류가 당면한 먹거리 문제와 환경문제의 해결책으로서 전 세계 농식품산업 전반에 빠르게 확산되고 있다.

푸드테크가 과연 인류가 직면한 이 심각한 문제를 해결할 수 있을까 하는 의문을 놓지 못할 독자들을 위해 여기서는 방금 언급한 축산 문제의 해결책으로 부상하고 있는 푸드테크 중 대체육에 대해서 간단히 언급하고자 한다. 대체육은 일반적으로 전통적인 동물성 단백질 식품을 대체하기 위해 콩, 밀, 해조류 등에서 원료를 추출하여 만드는 식물성 대체육과 동물의 근육 줄기세포를 배양하여 만드는 배양육으로 나눈다. 최근에는 싱가포르의 솔리푸드 사가 수소, 이산화탄소, 산소 등 공기와 소량의 영양성분을 미생물에 먹이로 제공하여 미생물에서 뽑어져 나온 단백질을 추출·건조해 만든 단백질 분말 솔레인 _{일명 공기육}을 개발해 싱가포르 식품청으로부터 판매 허가를 받았으며 2024년부터 시판에 들어간다고 한다.

아마도 대다수 독자가 한 번씩은 먹어보았을 콩고기 등 그간 우리가 접해본 대부분의 대체육은 사실 영양성분은 차치하고라도 향이나 식감, 무엇보다 맛에서 일반적인 육류와는 커다란 차이가 있었다. 그래서 채식주의자들을 위한 식품으로 식물성 대체육이 일부 소비될 뿐 배양육 등은 거의 소비가 늘어나지 않았다. 대체육 시장의 선두 주자로 꼽히는 미국의 비욘드 미트 주가도 고점 대비 반토막 이하의 가격에 머물러 있는 실정이다. 그럼에도 세계 주요국들은 대체육 연구에 지속적으로 집중 투자하고 있다. 왜 그럴까? 어차피 기존 축산업 방식으로는 늘어나는 세계 인구의 단백질 수요량을 따라가지 못하고, 결국 대체육으로 기존 육류 부족분을 채울 수밖에 없기 때문이다. 식량농업기구는 인류의 육류 소비가 2년 후인 2025년에는 기존 육류 90퍼센트와 식물성 대체육류 10퍼센트로 바뀌고, 2040년에는 기존 육류 40퍼센트, 식물성 대체육류 25퍼센트, 배양육 35퍼센트로 바뀔 것으로 예측한다. 향후 육류 수요와 공급 간 차이를 대부분 대체육이 채울 거라고 전망하는 것이다.

기존 육류를 대체하기엔 아직까지 완성도가 떨어지는 기술력이지만 그래도 초기의 대체육에 비해서는 색깔부터 향미, 육즙까지 고도화되어 햄버거 패티 정도로는 손색이 없는 수준까지 발전했다고 하니 육류가 부족해질 미래를 위해서 그나마 다행한 일이다. 그리고 그보다 더욱 다행한 점은 대체육 생산은 기존 육류 생산과 비교해 토양 용량의 95퍼센트, 온실가스 배출량의 87퍼센트를 줄일 수 있다는 점이다. 현재 소고기 총섭취량의 5퍼센트만 식물성 대체육으로 전환되어도 연간 800만 톤의 이산화탄소 배출량을 줄일 수 있다.

　이러한 푸드테크의 확산 및 발전 등이 우리의 농산업을 어떻게 혁신시켜 인류가 직면한 위기를 극복하고 지속 가능한 미래로 이끌 것인가를 살펴보기 전에 그간 농업이 어떠한 방식으로 성장하며 인류 발전과 발맞추어왔는지 먼저 들여다보자.

가장 오래된
첨단산업

위기의 해결사로 등장한
농업

농업의 역사에 대해서는 여러 가설이 존재하지만, 공통적인 것은 대략 1만 년 전의 인류가 어떠한 방법과 목적에서든 농경을 시작하고 이를 점차 확산시켜나갔다는 것이다. 인류 문명의 4대 발상지라 불리는 나일강변의 이집트 문명, 티그리스·유프라테스강 유역의 메소포타미아 문명, 인더스강 유역의 인도 문명, 황허 유역의 중국 문명 발생 훨씬 이전에 적어도 11개의 분리된 지역에서 농업이 독립적으로 시작되었다는 것이 근래의 연구 결과이다.

왜 당시 인류는 농경을 시도하게 되었을까? 역사학계에서는 다양한 이유를 제시하지만 유독 먹거리 문제에 관심이 많은 필자는 이것이 '충분한 먹거리를 안정적으로 확보할 수 있는 유일한 방안'이었다는 이유로 단순화하고자 한다.

핵심 키워드는 '충분한 먹거리'와 '안정적 확보'이다.

먼저 '충분한 먹거리'의 문제부터 살펴보자. '충분한 먹거리'의 정의는 인류 발전에 따라 그 개념이 점점 확대되는데, 문명이 시작되는 이 시점에서의 충분한 먹거리는 인류가 생존하고 개체 수를 유지하기 위한 영양분을 뜻한다. 농업을 시작하며 정착 생활을 시작한 신석기혁명 이전까지 인류는 수렵과 어업, 채집 등을 하며 이동 생활을 했다. 신석기의 농업 효율성은 매우 떨어져 청동기 시대가 끝날 때까지 인류는 여전히 채집을 병행해야 했다. 대략 1만 년 전후 마지막 빙하기가 끝나면서 매머드나 땅늘보 같은 대형 초식동물은 변화된 환경에 적응하지 못해 개체 수가 급격히 감소하기 시작했다. 이에 따라 인류와 함께 이들의 포식자였던 스밀로돈검치호랑이 등 대형 육식동물은 생존과 개체 수 유지를 위한 '충분한 먹거리'를 확보할 방법을 찾지 못해 결국 멸종한다. 인류는 먹거리 자원이 고갈되는 문제에 직면하면서 기존의 먹고 사는 방법채집경제을 대체할 새로운 방법생산경제을 찾아내야만 했다.

다음으로 '안정적 확보'의 문제를 살펴보자. 저온저장 기술이 발전한 현대에도 생산된 식량 중 상당량이 소비되기 전에 손실된다. 별다른 저장 기술을 가지지 못했던 채집경제 시대의 식량이던 육류와 열매는 금방 상해버렸다. 이 때문에 대부분의 야생동물과 마찬가지로 인류에게 유일하고 확실한 저장 방법은 빨리 먹어버리는 것이었다. 많은 현대인이 어떻게든 빼려고 애를 쓰는 뱃살이 당시에는 거의 유일한 에너지 저장 방법이었다. 그래서 등장한 것이 '가축화'와 '농경'이다. 살아 있는 상태로 저장함으로써 '안정적 확보' 문제를 해결하려고 한 것이다. 특히 곡물의 경우는 씨앗의 '휴면' 상태를 활용하면 비교적 오랜 시간 보관하며 먹을 수 있었으며, 확대 재생산도 가능했다.

고고학자들에 따르면 BC 1만 1000년경 메소포타미아에서 돼지가 가축화되었고, BC 1만 1000년에서 9000년 사이 양이 가축화되었다. 소는 BC 8500년경 현대의 터키와 인도 지역에서 가축화되었다. 그 훨씬 이전약 10만 년 전부터 수집되어 식량으로 사용되던 다양한 야생 곡류의 작물화는 매우 더디게 진행되었다.

고고학적으로 농경이 처음 시작된 곳이라고 지칭되는 현재의 이라크와 레반트Levant인 시리아, 요르단, 이스라엘, 팔레스타인 일대의 비옥한 초승달Fertile crescent 지역에서는 대략 BC 1만 년 전에 빙하기가 쇠퇴하고 온난한 기후가 형성되면서 수렵 채집 집단 중 한 무리가 정주하여 신석기 시조 작물들외알밀, 보리, 완두, 렌즈콩, 병아리콩 등을 경작하기 시작한 것으로 추정된다. 우리의 주식인 쌀은 그동안 중국 후난성에서 출토된 볍씨의 연대인 BC 1만 500년경을 시작으로 중국 지역에서 작물화되어 전파된 것으로 알려져 왔다. 그러나 1998년 4월 충북 청원군 옥산면 소로리에서 진행된 구석기 유적 발굴 조사에서 수십 개의 볍씨59톨가 나오고, 이것이 기존 중국 후난성 볍씨보다 4,500년가량 더 앞선 것으로 밝혀졌다. 이로써 벼의 기원에 관해 쌀농사가 한반도에서 가장 먼저 시작된 것으로 학설이 바뀌고 있다.[4]

흔히 신석기혁명 또는 농업혁명이라 불리는 신석기 문화란 구석기 시대의 채집경제로부터 신석기 시대의 생산경제경작과 목축로 발전하는 것을 지칭하는데, 이러한 변화는 인류에게 문명을 발생시킬 수 있는 다양한 조건을 충족해주었다. 이에 대해 19세기 초반 미국의 정치인인 대니얼 웹스터Daniel Webster는 "경작이 생기는 곳에 다른 기술과 예술이 따라오기 마련이다. 따라서 농부야말로 바로 인간 문명의 선구자이다"[5]라고 평하기도 했다.

그러나 신석기혁명이 그리 순조롭지는 않았던 것 같다. 예

일대 석좌교수인 제임스 스콧James Scott의《농경의 배신》에 따르면 BC 1만 년경 세계 인구는 400만 명 수준이었는데 5,000년이 경과한 BC 5000년경의 세계 인구는 500만 명 정도로 추정된다. 이는 농경과 목축, 정착을 이루었음에도 불구하고 인구가 폭발적으로 증가하지 못했다는 사실을 의미하며, 초기 농업의 생산성이 매우 낮았을 것이라는 추정을 가능케 한다.

과학기술이 발달한 요즘도 태풍이나 홍수, 냉해 등이 발생하면 농사를 통째로 망치는 일이 빈번한데, 당시에는 더 말할 것도 없을 것이다. 한 부족의 농경이 기후 등의 영향으로 흉작이 되면 대규모의 아사자가 발생하게 된다. 수렵 채집 시기의 먹거리에 비해 농경을 통해 얻는 먹거리의 저장 기간이 조금 늘어났지만 한 해를 더 버틸 만큼은 아니었고, 결국 이전의 방식, 즉 수렵과 채집을 통해 버텨야 했을 것이다. 미국 코넬 대학교의 인류학자이자 유전학자인 스펜서 웰스Spencer Wells의《판도라의 씨앗》에 따르면 구석기 시대의 남성 평균 수명이 35.4세, 평균 신장이 177센티미터였는 데 비해서 신석기 말 남성의 평균 수명은 33.1세, 평균 신장은 161센티미터였다고 한다. 원시농경을 위한 고된 노동과 충분하지 못한 영양공급으로 인해 인류가 더 병약해졌다는 것을 추정할 수 있는 대목이다.

그러나 우리가 확실하게 정리하고 가야 할 문제는 신석기인들이 수렵 채집이 가능한데 농업혁명을 시작한 것이 아니라 수렵 채집으로는 더 이상 버틸 수 없는 환경이 도래했기 때문에 불가피하게 농업이라는 새로운 해법을 시도했다는 점이다. 4대 문명 발상지처럼 고대 문명으로 발전하지 못한 많은 지역에서 나름대로 작물을 재배하려고 노력한 흔적이 많이 발견되고 있다는 점만 봐도 신석기 시대의 농업은 확실히 첨단산업이었다. 한집단이 굶어 죽지 않을 만큼의 안정적인 생산성과 재배 기술은 현대의 인공지능이나 빅데이터 기술 같은 최첨단 기술이었다고 봐도 무방하다. 그것도 경쟁우위를 위해서가 아닌 생존을 위한 최첨단 기술이란 점에 주목해야 한다.

농경과 목축을 통해 인간 생존방식의 근원적 변화를 가져온 농업혁명에 대해 고고학적으로 '신석기혁명 Neolithic revolution'이라는 용어를 처음 부여한 영국의 고고학자 고든 차일드 Gordon Childe[6]의 주장에 대해 농업혁명은 수천 년에 걸친 실패, 시행착오와 경험의 축적에 따른 발전일 뿐이므로 혁명이라는 표현은 적절하지 않다는 비판도 적지 않다. 또 각기 다른 환경을 가진 여러 지역에서 다양하게 분화되어 전개되었기 때문에 선형 linear 발전 모델로 일반화할 수 없다는 견해도 존재한다.

그러나 인류의 조상 세대인 오스트랄로피테쿠스까지 가지 않고 현대인의 직계 조상인 호모 사피엔스가 출현한 35만 년[7] 전부터만 고려하더라도 인류는 무려 34만 년 동안 수렵 채집으로 근근이 생존해왔다. 그리고 환경이 변하자 겨우 몇천 년이라는 짧은 세월에 문명의 출발점이자 인류의 멸종을 막을 위기의 해결사 농업을 창조한 것이다.

인간 사회의 모든 성취와 생활방식을 총칭하는 개념인 문화culture의 어원이 경작cultivation이라는 것은 농업이 인류사에서 가장 중요한 창조이자 발명이며, 첨단산업의 시작이라는 점을 역설하고 있다. 다만 그 발전 과정이 근대에 출현한 다른 많은 산업에 비해 매우 더디고 지난하여 축복이라는 수식어를 붙일 수 없음[8]은 부정할 수 없는 사실이다.

중세 이전의
농업

흔히들 첨단산업이라고 하면 빅데이터나 나노바이오, 신재생에너지 등과 같이 시대를 이끌어가고 있는 하이테크 기술을 사용하는 산업이나 높은 수익률을 내며 빠르게 성장하는 산업을 떠올린다. 그러나 여기서는 '첨단기술이나 일하는 방식 산업 시스템의 혁신을 통해 시대별로 인류 사회가 마주하는 다양한 문제를 새롭게 해결해나가는 산업'을 첨단산업이라 규정하고자 한다.

누구의 정의를 따르는지와 무관하게 농업은 첨단산업으로 시작되었고, 인류 역사의 발전 과정에서 항상 첨단산업이었으며, 현재도 그리고 미래에도 첨단산업일 수밖에 없다. 그래서 필자는 농업이 가장 오래된 첨단산업이라고 주장한다.

사실 이러한 주장은 반세기 전 덴마크의 여류 경제학자인 에스테르 보세럽 Ester Boserup의 저술인 《농업 성장의 조건: 인구 압박에 따른 농업 변화의 경제학》[9]에서 제시된 개념의 연장선상에 있다고 할 수 있다. 보세럽은 농업 방식이 식량 공급의 제한을 통해 인구를 결정한다는 맬서스 Thomas Malthus의 인구론[10]에 반대하여 '인구 변화가 농업 생산의 강도를 주도한다'는 농업 집약화 이론 Boserup Theory을 제시했다. 이 주장의 핵심은 한마디로 '필요는 발명의 어머니 Necessity is the mother of invention'라는 것이다.

보세럽의 주장에 따르면 인구 밀도가 충분히 낮을 때 토지는 간헐적으로 사용되는 경향이 있으며, 개간을 위해 불에 크게 의존하고 생산성 향상을 위해 휴경休耕을 하게 된다. 실제 농업이 시작된 신석기 시기 BC 8000년~BC 5000년 약 3,000년간의 농법은

15년에서 25년 휴경 후 화전火田을 일구어 1~2회 경작하는 방식 forest fallow이었다. 또 이어진 청동기 시기BC 5000년~BC 2000년의 농법은 5년에서 10년 휴경하고 2회 이상 경작하는 중기 휴경 방식이었으며, 일반적으로 한정된 지역 내에서 일정한 간격으로 땅을 묵히면서 순환 경작rotation bush fallow하는 체계였다. 신석기 시대에 비해 동일 경작 지역 내에서 높아진 수확 빈도는 BC 2000년 5천만 명까지 늘어난 인구를 부양할 수 있는 방법을 제시했다.

이어진 철기 시대에는 1~2년의 단기 휴경short fallow 시기를 거쳐, 1년 1작annual cropping으로 발전하여 토지 활용도가 크게 증가한다. 물론 그 배경에는 BC 1000년에 1억 명까지 늘어난 인류의 인구 밀도와 이에 따른 식량 수요 증가라는 압력이 지속적으로 작용했을 것으로 판단된다.

다음 그래프는 인구 증가가 농경 기술과 생산성 변화의 주요 원인으로 작동한다는 보세럽의 주장을 시각화한 것이다. 이 시기 인구 증가에 따른 생산량 증가는 주로 휴경 기간을 단축하여 토지 활용도를 높이는 농경기술의 발달이 주도하였다.

휴경 기간을 단축하게 되면 단위면적당 경지의 활용도는 증가하지만, 이를 위해서는 토지의 황폐로 인한 생산성 감소를 막을 수 있는 시비 기술 발전과 함께 더욱 깊게 농지를 갈고 시비

인구 증가와 식량 공급량의 상관관계

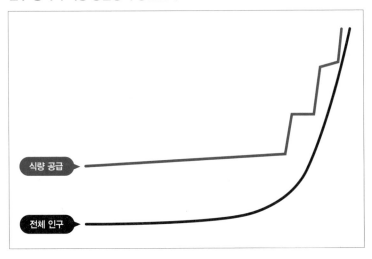

로 인해 증가하는 제초를 쉽게 할 수 있는 농기구 발전이 선행되어야 한다. 당시로서는 첨단이라고 할 수 있는 철제 농기구의 등장과 농경에 가축 사육을 겸하는 집약적인 영농 시스템의 등장이 그 기술적 기반이 되었을 것이다.

　보세럽에 따르면 이러한 휴경 기간 단축은 비료, 경작지 개간, 잡초 방제 및 관개 확대 등을 필요로 하여 지속적으로 농업의 한계 노동 비용을 증가시킨다. 즉 단위면적당 부양해야 하는 인구 밀도가 높을수록 농부는 같은 양의 농산물을 생산하기 위해 더 많은 시간을 투입해야 한다. 점점 낮아지는 노동 생산성으로 인하여 더 많은 노동 투입을 대가로 생산량을 늘리는 이 과정을 보세럽은 '농업 격화agricultural intensification'라고 묘사했다.

결국 신석기 농업혁명 이후 청동기와 철기 시대를 거쳐 중세476년 서로마제국의 멸망 이후로 넘어가기 전까지 농업 성장을 이끈 것은 수천 년간의 반복적인 시행착오 축적과 도구신석기-청동기-철기의 진화, 그리고 이를 기반으로 한 농법장기 휴경-중기 휴경-단기 휴경-연작의 발전이었다고 평가할 수 있다.

거의 1만 년에 육박하는 중세 이전 농업사의 다양한 측면을 너무 두리뭉실하게 일반화했다는 비난을 피할 수는 없겠으나, 이 챕터의 목적이 농업의 지나간 역사를 살펴보는 데 있는 것이 아니라 인류의 문명을 개척해온 농업이 시기별로 어떠한 이유와 목적으로 첨단기술을 발명하거나 도입하며 발전해왔는지를 훑어보는 데 초점을 맞추고 있다는 점에 유의하기를 바란다.

중세시대의 농업 혁신

중세 연구 분야 최고의 석학으로 미국 역사학회 회장, 기술사학회 회장 등을 역임한 린 화이트 주니어 Lynn White Junior 는 그의 저술 《중세의 기술과 사회변화》를 통해서 중세의 생성과 발전에 가장 큰 영향을 끼친 것은 '등자와 쟁기'였다고 주장한다.

이 책에서 린 화이트 주니어는 중세 봉건제 탄생의 열쇠가 이슬람의 충격이 아니라 등자라는 다소 파격적인 주장을 한다. 말에 더 편하게 타고 밀착할 수 있도록 돕는 등자의 도입으로 당시로서는 혁명적인 전투 기법인 기마 충격전이 가능해졌는데, 기마병은 보병과는 달리 비용이 많이 들었기 때문에 군사적 봉사를 전문으로 하는 기사 계급이 생산되었고 이것이 봉건제도를 촉발했다는 것이다. 이로 인해 중세 유럽은 '왕-영주-기사-농노' 순의 계급 사회와 로마의 라티푼디움을 계승한 '장원 제도'라는 독특한 사회 구조로 진화하게 되었다. 장원 제도 아래서 영주들은 식량의 생산과 가공을 통제하면서 농민들에게 잉여 농산물을 수탈하였고, 사실상 영주의 노예였던 농노들에게 영주의 농지를 대신 경작해주는 부역과 낮은 생산성으로 인한 기아는 일상이었다.

중세 봉건사회를 연 것이 '등자'라면 이를 완성한 것은 '쟁기'였다고 린 화이트 주니어는 설명한다. 남부 유럽과 지중해 연안의 토양은 모래가 많고 건조하며 가벼워서 나무 소재의 쟁기로도 경작이 가능했다. 이 때문에 로마제국의 번영과 중세 초기 도시의 성장은 남유럽을 중심으로 전개되었다. 반면에 이 시기의 나무 쟁기는 북유럽의 무거운 점토질 토양에는 적합하지 않아 북유럽에서는 농업이 발전하지 못했다.

그러다가 쇠로 만들어진 묵직하고 단단한 신형 쟁기가 발명되자 유럽의 농경 사회는 일변한다. 쟁기질이 가능해지면서 북유럽의 점토질 토양은 남유럽의 가벼운 토양에 비해 더욱 비옥한 농토로 변화하여 남부 유럽보다 더 높은 수확량을 기록하게 되었고, 잉여 농산물이 생겨났다. 그 결과 북유럽에는 새로운 대도시들이 만들어졌고, 자연스레 유럽 경제 성장의 중심이 남부에서 북부로 이동하게 되었다.

신형 쟁기의 발명과 함께 삼포식 농법The three-field system이 도입되면서 북유럽 농업은 비약적인 발전을 하게 된다. 삼포식 농법은 경작지를 3개의 큰 들판으로 삼분하여 동일한 계절에 서로 다른 유형의 작물을 재배하는 작물의 순환 체계이다. 예를 들어 첫 번째 들판에는 밀이나 호밀을 심고, 두 번째 들판에는 콩과의 작물완두콩, 렌즈콩 등을 심으며, 마지막 세 번째 들판은 한 해 휴경지로 남겨두는 농법이다. 이렇게 경작할 경우 첫 번째 들판의 밀 등은 토양 내 질소와 양분을 소모시키지만, 두 번째 들판의 콩과 식물이 토양 내 질소를 고정시키는 역할을 한다. 휴경지로 비워둔 세 번째 들판은 가축을 방목하는 초지로 활용되었는데, 이 기간에 가축의 배설물이 축적되어 지력을 회복한다. 하나의 들판에서 3분의 2는 경작지로, 3분의 1은 가축의 방목지로 순환되는 삼포식 농법에 더하여, 말발굽이 발명되었다. 말을 경작에 투입하면서 좀 더 무겁고 튼튼한 쟁기를 사용할 수 있었고, 이를 통해 농업 생산량은 비약적으로 증가했다.

증가한 농업 생산량은 농산물 무역으로 중세 북유럽 영주들에게 경제적 번영을 안겨주었다. 이러한 삼포식 농법은 16세기 이후 새로운 사료 작물과 농법의 발전으로 경축耕畜 선순환 체계가 확립될 때까지 유럽 농업의 전형을 이루게 된다.

근대 이전의 첨단산업, 농업

근대로 넘어가기 전에 이상의 논의를 정리해보자. 신석기 농업 혁명 이후 중세에 이르기까지 농업은 인간 경제 활동의 거의 대부분을 차지하는 산업이었다. 그리고 세계 인구가 10억을 넘어서는 1800년대 초까지 꾸준히 증가흑사병이 휩쓴 14세기 중반을 제외하고 해온 인류의 생존을 위한 식량 수요와 지배계급의 풍요로운 식탁을 위한 수요_{주로 육류}를 충족하기 위하여 지속적으로 생산성을 향상해왔다. 그리고 당 시대 최고의 기술과 시스템이 농업을 위해서 발명되거나 농업에 도입되어 활용되었다.

이번 챕터의 서두에서 필자는 농업이 가장 오래된 첨단산업이라고 주장했다. 이는 정확히는 다음과 같은 세 가지 주장을 포괄하는 것이다. 첫째, 과거에 첨단산업이었다. 둘째, 현재도 첨단산업이다. 셋째, 미래에도 첨단산업일 것이다.

하나씩 검증해보자. 먼저 과거를 신석기혁명에서 중세 말까지의 시기와 중세부터 1차 산업혁명 태동기까지의 시기, 그리고 1차 산업혁명부터 현재까지의 시기로 나누어 살펴보겠다.

아마도 첫 번째 기간인 신석기혁명에서 1차 산업혁명 이전까지의 시기에 농업이 첨단산업이었다는 것에는 많은 이들이 대체로 공감하리라고 생각한다. '산업_{産業}'은 말 그대로 인간의 생활을 경제적으로 풍요롭게 하기 위한 재화나 서비스 등을 생산하는 활동이다. 만약 우리가 소비하는 모든 재화를 직접 생산해야 한다면 당신은 무엇을 생산하겠는가? 당연히 의식주 문제를 먼저 해결해야 하며, 그중에서도 생명을 유지하기 위한 먹거리가 첫째가 될 것이다. 실제로 신석기혁명에서 산업혁명이 도래하기 이전까지의 시기에 인류는 증가하는 인구 500만에서 10억 명으로 200배 증가를 감당하기 위한 식량을 확보하기 위해 가용한 노동력의 대부분을 농업과 관련 산업 농업 전후방 산업에 투입할 수밖에 없었다.

초기 농업의 낮은 생산성이 이를 강제하였으며, 차츰 농기구 및 농법의 발전으로 농업의 생산성이 높아짐에 따라 많은 노동력이 농업에서 벗어나 제조업이나 서비스업으로 이동한다. 즉 농업의 지속적인 성장이 이후 1차 산업혁명으로 이어지게 되는 공업과 상업의 발전을 위한 물적 토대를 제공한 것이다. 그래서 이 시기의 농업은 인류의 가장 큰 니즈를 지속적인 혁신으로 해결해온 산업, 타 산업의 촉발과 발전에 토대를 제공한 산업으로서 첨단산업이었다고 평가할 수 있을 것이다.

농업이 낙후산업이라는 편견

이제 '농업은 과연 첨단산업인가?'라는 주제를 두고 논란이 있는 시기, 아니 어쩌면 농업은 사양산업이라는 인식이 더 커지기 시작하는 중세 말부터 1차 산업혁명 태동기까지의 시기로 이동해보자.

오늘날 우리가 사용하는 산업 분류의 개념을 처음 만든 사람은 17세기 영국의 윌리엄 페티 경 Sir William Petty이다. 한때 옥스퍼드 대학교의 해부학 교수였던 그는 17세기 중반 영국에서 일어났던 청교도혁명에서 의회파의 승리를 이끈 올리버 크롬웰 군의 수석군의관으로 아일랜드에 파견되어 몰수할 토지의 가치를 평가하면서 경제와 통계를 익혔다. 훗날 그는 통계학 및 경제학의 선구자라고 평가[11]받는데, 1690년의 대표적인 저작《정치산술 Political Arithmetic》을 통해 경제 및 사회의 발전 단계에 따라 농업, 제조업, 상업 간 취업 인구와 국민소득의 비중이 바뀌게 된다는 '경제 발전의 사다리 법칙', 이른바 페티의 법칙을 주장하였다. 그는 당시 다른 유럽 국가에 비해 네덜란드의 1인당 소득이 높은 것은 농업보다 이익이 높은 제조업이나 상업에 종사하는 노동력이 많기 때문이라고 주장하였다.

윌리엄 페티가 처음 제시한 경제 발전에 수반되는 노동력 구성의 산업별 변화 경향은 통계가 크게 발달한 20세기 영국의 경제학자 콜린 클라크 Colin Clark[12]에 의해 재정립되었다. 클라크는 1940년 그의 저서《경제진보의 제조건 The Conditions of Economic Progress》에서 산업을 제1차, 제2차, 제3차 산업의 세 가지 유형으로 분류하고

한 나라의 경제가 발전함에 따라 노동 인구와 소득의 비중이 제1차 산업에서 제2차 산업으로, 다시 제2차 산업에서 제3차 산업으로 이동한다는 '페티의 법칙'이 전 세계 대부분의 국가에서 공통적으로 적용되는 역사적인 경향성을 띤다는 점을 통계로 실증했다.

클라크는 1930년 전후 세계 57개국 노동 인구의 산업별 구성 비율에 대한 시계열 분석을 통해 농업의 노동 인구 비율이 일관되게 감소하고 있으며, 제조업의 노동 인구 비율은 상승하나 일정 수준에 이르면 정체 내지는 약간의 하락 경향을 나타내고, 상업과 서비스업 등에서는 상승 경향이 계속되고 있음을 입증하였다. 콜린 클라크의 주장 페티 클라크의 법칙은 인구 이동의 원인과 영향 Kuznets Cycle, 경제 발전과 소득 불평등과의 관계역 U자형 곡선 등의 연구로 1971년 노벨경제학상을 수상한 사이먼 쿠즈네츠 Simon S. Kuznets 교수에 의해 재확인되었다.[13]

위에 설명한 윌리엄 페티나 콜린 클라크의 연구들은 일견 농업이 노동집약적인 1차 산업으로, 2차 산업인 제조업이나 3차 산업인 서비스업에 비해 낙후된 산업 내지 사양산업이라는 착시 현상을 불러일으키기에 충분하다. 그러나 이러한 인식은 인류 문명사를 이끌어온 농업이라는 특수한 산업이 보여준 혁신의 독특한 특성을 간과하는 데서 오는 오류에 의한 편견이 아닐까?

이러한 주장을 뒷받침하기 위해 서로 다른 역사적 배경에 따라 다양한 발전 경로를 띠는 세계 각국의 경제사를 농업 중심으로 일반화하여 제시하는 것은 필자로서는 불가능한 일이다. 그 대신 이른바 16세기 농업혁명과 18세기 산업혁명을 주도한 영국의 사례에 집중하여 이를 뒷받침하고자 한다. 미국 역사학회의 회장을 역임하고 이 시대의 가장 탁월한 역사가 중 한 사람으로 추앙받는 조이스 애플비Joyce Appleby 교수 역시 일찍이 "영국의 농업혁명에서 출발한 혁신이 전 지구적 팽창, 즉 식민지 쟁탈을 위한 상업체제로 이어져 산업혁명으로 수렴되었다"라면서, 그러한 세계적 변화를 주도한 나라가 영국이기 때문에 현대의 자본주의를 이해하기 위해서 영국의 경제 발전사에 주목할 필요가 있다고 주장[14]하였다.

산업혁명을 촉발한 농업혁명

조이스 애플비는 자본주의 탄생에 결정적인 동인이 된 것은 18세기 산업혁명이 아니라 16세기 농업혁명이었다고 주장한다.

농업혁명을 통해 좀 더 효율적인 식량 생산이 가능해지면서 발생한 유휴 노동력과 자본이 서서히 다른 경제 활동으로 이동했으며, 이것이 산업혁명 태동의 물적 토대를 제공했다는 것이다.

좀 더 자세히 살펴보자. 16세기 영국의 농업혁명을 이해하기 위해서는 14세기 중반 전 유럽을 강타한 흑사병페스트이 초래한 변화를 먼저 살펴보아야 한다. 흑사병 이전의 중세 유럽은 10세기부터 13세기 사이의 경제 호황을 거쳐 인구가 크게 증가하였으며, 이에 따라 인구 밀도도 급격히 높아진 상태였다. 늘어난 인구를 부양할 식량을 확보하기 위해서는 목축보다는 경작에 집중해야 했고, 이에 따라 1인당 육류나 유제품 소비는 감소하고 점차 곡류에 의존하는 식생활로 변화하게 된다. 당시 농민들의 대부분을 차지하던 농노 계급의 삶은 매우 피폐하여 대부분의 끼니를 주로 '죽'으로 때워야 했고, 기근이 발생할 때는 돼지 사료로 쓰이던 도토리와 너도밤나무 열매로 연명하였다.

영국의 경우, 대부분의 농민들은 0.5야드 미만의 협소한 농지를 가지고 있었다. 당시 농업 기술로는 자급자족을 할 수 없는 규모였으며, 이에 따라 농사 외에도 다른 부업을 찾아야 했다. 이는 노동 시장에서 노동력의 과잉 공급에 따른 임금 하락을 불러왔고, 이러한 현상은 농사를 짓지 못하는 겨울철에 더욱 심화되었다.

흑사병 직후 영국의 인구는 크게 감소하였으나 처음 약 몇 년간은 경제 활동이 마비되어 실질 임금이 오히려 감소했다. 그리고 이후 15세기 초반까지 약 3배 이상 급상승했다. 인구수가 감소했기 때문에 고용주들은 노동자들을 확보하려 경쟁해야 했고, 이것이 임금 상승으로 이어진 것이다. 인구가 감소하자 1인당 농지 면적도 늘어나 농업 소득도 증가하게 된다.

물론 이러한 과정이 순탄했던 것은 아니다. 흑사병으로 인한 사회 환경의 대격변에도 불구하고 자신들의 이익을 보호하려는 기득권의 반동反動, reactionary[15] 시도를 극복하려는 많은 희생이 요구되었다. 전술한 바와 같이 1348년 영국으로 전파된 흑사병은 당시 영국 인구의 절반가량을 죽음으로 몰고 갔고, 이에 따라 당시 영국인의 대부분이 거주하던 장원에서 생산 활동을 담당하던 농민 계급이 크게 감소하여 수급 불균형이 일어나게 된다. 당연히 농민들은 더 높은 수당을 요구하게 되었고, 임금은 가파르게 치솟았다.

봉건제 아래서 영주 계급의 이익을 대변하던 영국 정부는 노동자의 임금을 흑사병 이전 수준으로 동결하고, 일을 거부하거나 기존 계약을 파기하는 것을 범죄로 규정하여 처벌한다는 내용을 골자로 한 긴급법안1349년의 노동자 조례와 1351년의 노동자 법령을 제정하여 이 상황에 대응하려 했다. 그러자 이미 1337년부터 시작된 프랑스와의 지루한 전쟁백년전쟁을 수행하는 데 소요되는 막대한 전비를 충당하기 위한 인두세 신설과 두 차례의 세금 인상을 감당할 수 없었던 농민 계급의 봉기가 영국 전역에서 치솟기 시작했다.

가장 대표적인 것이 1381년 켄트 지역에서 발발한 와트 타일러Wat Tyler의 난 또는 대봉기이다. 누적된 많은 폭압에 더해 1380년 의회의 인두세 추가 인상기존 4펜스를 12펜스로 인상이 결정적인 발화 요인이 되었다. 미납 인두세의 강제 징수에 저항하여 에식스 지방에서 시작된 민란은 와트 타일러가 이끄는 켄트 민중과 결합하면서 런던성까지 함락했고, 런던탑으로 피신했던 국왕 리처드 2세는 반란군의 요구 사항 수용을 약속하게 된다. 그러나 당시 해외와 북부 지방에 주둔하고 있던 정부군이 복귀하자 이 약속은 깨지고 와트 타일러를 포함한 반란군 대부분은 추적 끝에 처형당한다. 이후에도 수많은 농민 봉기가 잉글랜드 전역을 휩쓸었으나 당장에 영국 사회에 미치는 영향은 의외로 적어 보였다. 와트 타일러의 난 진압 이후 당시 작성했던 합의안을 이행할 것을 요구하는 농민 대표에게 리처드 2세가 "너희는 농노이며, 앞으로도 여전히 농노일 것이다"라고 대답했다는 일화가 전해진다.

착취적인 기존 체제의 질서를 유지하려는 기득권의 거센 저항에도 불구하고 흑사병으로 인한 인구 급감은 결국 노쇠한 봉건제를 빠르게 붕괴시켰다. 노동력 감소가 임금 인상을 부추겼기 때문이다. 소작농을 구하지 못한 봉건 영주들이 파산하기 시작하자, 중세는 급격히 재편된다. 시장과 화폐 경제, 교역의 시대가 도래한 것이다. 화폐 경제는 부르주아라는 새로운 계급을 만들어냈고, 농민들은 봉건제의 굴레를 벗고 자유민의 지위를 얻게 된다. 이러한 변화는 200년 후 명예혁명1688년을 촉발하는 결과를 가져왔고, 1차 산업혁명이 일어나는 경제·사회적 환경 조성에 동력을 제공하게 되었다.

흑사병 이후 유럽 사회의 변화를 조금 더 살펴보자. 악몽 같던 흑사병으로부터 살아난 사람들의 식탁 위에는 육류와 유제품이 늘어나기 시작했다. 급감한 인구 대비 1인당 소비 가능한 육류의 개체 수가 상대적으로 늘어나면서 육류 소비가 엄청나게 증가했고, 육식성 유럽이 탄생하게 된다. 상류층의 식탁에는 치즈와 버터가 자리하게 되었고, 주로 죽을 먹던 일반적인 중세 농민의 식사 방식이 빵을 기반으로 한 식사로 대체되어 일반화되었다.

당연히 이에 따른 반작용도 일어났다. 이것이 이른바 인클로저encloser 운동이다. 인클로저란 기존의 농경지, 개방 경지공동 경작지, 황무지 등에 울타리를 쳐서 공동권을 배제하고 사유지임을 명시하는 것이다. 15세기에 시작된 1차 인클로저 운동과 16세기 후반 이후의 2차 인클로저 운동은 그 배경과 목적이 완전히 상이하나, 기존 중세 장원 제도 아래서의 지주 제도가 재편되고 사적 토지소유제가 확립되는 과정이었다는 점에서는 동일하다.

1차 인클로저는 '농경지를 양을 키우는 목장으로 전환하기'라고 단순화할 수 있다. 흑사병으로 인해 인구가 절반으로 줄어들자 엄청난 양의 잉여 농산물이 발생하여 곡물 가격이 폭락하게 된 반면 소작농들의 임금은 빠르게 증가하여 경작으로는 수지를 맞출 수 없는 상황이 발생하였다. 이러한 상황에서 양모를 가공하여 모직물을 생산, 수출하는 산업이 영국의 가장 중요하고 수익성 높은 산업으로 대두하자 지주들은 농노나 소작인을 내쫓고 경작지에 울타리를 둘러친 뒤 그곳에 양을 키우기 시작했다. 비록 소유권을 가진 것은 아니지만 중세 봉건제도 아래서 수백 년간 관습적으로 농사를 지었던 농민들은 하루아침에 쫓겨나는 신세가 되었으며, 경작지는 양들을 위한 푸른 목초지로 변해갔다.

16세기 영국 종교개혁의 선구자였던 휴 래티머 Hugh Latimer 성공회 주교는 "많은 사람이 살고 있던 곳에 이제는 한 사람의 양치기와 그의 개가 있을 뿐이다"라고 당시 상황을 묘사한 기록을 남겼다. 이러한 1차 인클로저로 성장한 새로운 계급이 '젠트리 gentry'라 불리는 소지주와 '요먼 yeoman'이라 불리는 비교적 부유한 자영농이었다. 이들은 명예혁명 후 영국의 산업혁명과 사회 발전에서 그 근간을 구성한 계층으로, 신사를 뜻하는 '젠틀맨 Gentleman'이 여기서 유래했다.

대대로 살던 농경지에서 쫓겨난 농민들은 새로운 일자리를 찾기 위해 도시로 몰려들었다. 자산은 물론 농사 외에는 아무런 기술도 갖고 있지 못한 이들은 하루하루 품을 파는 일당 노동자로 도시에 흡수되었고, 이 두꺼운 하층 노동자층의 값싼 노동력은 영국 산업혁명의 토대를 이루었다.

'양이 인간을 잡아먹는다'라는 충격적인 표현으로 널리 알려진 토머스 모어 Thomas More의 소설 《유토피아》가 발표된 것은 이미 1차 인클로저가 절정기를 넘겨 쇠퇴하기 시작할 무렵이었다. 16세기 들어 영국의 인구가 급격히 늘어나면서 곡물 가격이 상승하고, 경작의 수익성이 빠르게 회복되었기 때문이다. 이에 대한 대응으로 16세기 후반부터 2차 인클로저 운동이 시작된다. 1차 인클로저가 '양치기'를 위한 것이었다면 2차 인클로저는 '경지 확대'와 '경지의 효율적 이용'을 통한 식량 증산을 목적으로 수행되었다. 1차 인클로저 과정에서 유산계층_{자본가}으로 성장한 젠트리와 요먼에 의해 2차 인클로저가 진행되어 상대적으로 영농 규모가 작았던 중소농이 몰락하고 대농장 경영체계가 자리 잡으면서 영국 농업에서 자본주의가 확고히 자리매김한다.

2차 인클로저 시기의 영국 농업은 새로운 작물의 도입과 기존 휴경제를 효율적으로 발전시킨 농법으로 한 단계 도약하게 된다. 중세 이래의 휴경제는 지력의 고갈을 막기 위한 소극적 방법이었지만, 이제는 클로버 등 새로운 사료 작물을 활용하여 휴경의 효과를 얻을 뿐만 아니라 가축 사육 규모도 확대할 수 있었고 경축 선순환 체계_{사료 증산→ 가축 증가→ 비료 증가→ 곡물 증산}를 확립하게 되었다. 이러한 방식은 경지의 효과적인 활용으로 단위면적당 생산성을 크게 높였는데, 16세기 영국 인구가 2배로 증가했음에도 불구하고 17세기에 들어 영국이 식량 수출국으로 전환하는 원동력이 되었다.

영국 농업사 분야의 권위자로 평가받는 마크 오버튼_{Mark Overton} 전 엑서터 대학교 교수는 소작농의 자급자족 경제를 새로운 산업도시의 수백만 명을 먹여 살리는 자본주의 상업농 시스템으로 변화시킨 영국의 농업혁명이 1750년 전후에 일어났다고 주장한다.[16] 그 첫 번째 근거는 농업으로 부양한 인구이다. 로마의 지배를 받던 시기와 1300년경 그리고 1650년경에 영국 인구는 1750년경 영국의 인구인 약 570만 명 수준에 도달했으나 증가하는 식량 수요의 압력을 농업이 해결하지 못하였기 때문에 인구 증가가 멈추었다. 그러나 1750년 이후 영국의 인구는 전례 없는 수준으로 급증하여 1850년에는 1,660만 명에 이르렀고 농업혁명으로 증가한 농업 생산성 덕분에 이를 감당하였다는 것이다. 그리고 1760년에서 1800년 사이에 일어난 3차 인클로저는 그 직전 40년 사이에 진행된 면적의 10배에 달했으며, 농촌 지역의 전통적인 공유지와 유휴지 대부분을 새로운 집약적 경작지로 흡수하였다고 분석한다.

두 번째 근거는 농업 생산량이 증가할수록 전체 산업 인력에서 농업 노동력이 차지하는 비율이 떨어졌다는 것이다. 농업에 종사하는 노동자의 비율이 감소하면서 제조업 및 타 산업에서 일하는 비율이 증가하였고, 이로 인해 산업혁명이 가능하였다는 지적이다. 실제로 1850년 영국 노동자의 농업 부문 종사율은 22퍼센트로 당시 전 세계 국가 중 가장 낮은 비율이었다.

결론적으로 영국의 농업혁명은 산업혁명의 중요한 토대를 제공하였다고 할 수 있는데, 간단히 다음과 같이 요약할 수 있겠다.

첫째, 단위면적당 생산성 증대와 규모화된 경작지 확대로 식량의 자급자족은 물론 잉여 농산물과 가공품(모직물) 수출을 통해 자본 축적이 가능해졌고 산업혁명을 주도할 자본가를 양성하였다.

둘째, 1인당 농업 생산성 증대로 농촌 지역에 유휴 노동력이 발생해 도시 임금 노동자가 대량으로 공급되었다.

셋째, 농촌 지역의 소득이 늘어나면서 빠르게 확대되는 해외 시장과 함께 공업제품의 안정적인 내수 시장을 확대하였다.

농업은 첨단산업일까

이상에서 흑사병이 영국을 덮친 1348년부터 1차 산업혁명이 태동하는 18세기 중반까지 영국 사회와 농업의 변화에 대해 대략적으로 살펴보았다. 이 시기 영국의 농업은 첨단산업일까, 아니면 낙후산업이나 사양산업일까?

흑사병으로 인한 급격한 인구 감소에 따라 대규모의 잉여 농산물이 발생하였던 14세기 중반부터 15세기까지는 여전히 대다수 노동자를 고용하던 거의 유일한 산업이었기 때문에 이 시기 농업을 낙후산업이나 사양산업이라고 평가하기는 어려울 것이다. 인구 감소로 인한 농산물 가격 하락과 임금 상승으로 농경의 사업성이 일시적으로 악화되었던 시기1차 인클로저에 일부 농경이 목축양치기으로 전환되었으나, 이 또한 큰 틀에서는 농업 내부의 변화라고 할 수 있다. 그러나 이후 농업혁명이라고까지 평가되는 농업 생산성과 생산량의 급격한 증가는 이 시기 농업이 지속적으로 발전한 첨단산업이었다는 주장에 힘을 실어준다고 할 수 있다.

여기에서 논란이 될 수 있는 부분은 이 시기부터 대규모로 발생하는 농촌 인구의 도시 이동과 이로 인한 농업 부문 종사자 비율 하락이다.

전술한 콜린 클라크는 이 시기 및 1·2차 산업혁명이 활발하게 진행된 18세기 중반부터 20세기 초반까지 노동력 구성의 산업별 변화 경향1차 산업→ 2차 산업→3차 산업이 일어난 주요 원인을 산업 간의 상대 소득 격차와 소득수준 상승에 수반하는 소비자 수요의 상대적 변화 또는 수요의 소득 탄력성 차이로 설명하였다.

콜린 클라크의 주장대로 산업 간의 상대 소득 격차가 노동력의 이동을 가져온 주요 원인이라면 농촌 노동력의 도시 이동이 시작된 시기부터 농업은 사양산업이나 낙후산업의 길로 접어들었다고 평가할 수 있을 듯하다.

그러나 콜린 클라크는 산업 간 상대 소득 격차를 자본 소득과 임금 소득으로 나누지 않고 하나로 뭉뚱그려 보았다. 이러한 접근은 경제 성장에 따른 산업 간 노동력 이동의 경향성을 보여주는 데는 적합할지 모르지만, 그 원인을 설명하는 데는 적절하지 못한 접근 방식이다.

기본적으로 농산물은 수요의 가격 탄력성이 매우 낮은 필수재 necessities 이다. 먹거리 수요에 적절히 대응할 수 있는 공급이 달성되면, 가격은 빠르게 하락하고 수익률은 급격히 낮아진다. 단기에 고정되어 있는 농경지 면적에서 (여분의 비료가 없다면) 생산량을 조절할 수 있는 유일한 변수는 단위면적당 노동력의 투입량이다. 에스테르 보세럽이 지적한 바와 같이 노동력 투입 증가에 따른 단위면적당 생산량 증가율은 한계체감하기 때문에 한 사회가 필요로 하는 (또는 적절한 수익을 보장할 수 있는) 농산물의 유효 수요를 초과하는 농산물의 생산이 발생할 때, 경지 면적당 고용은 빠르게 감소한다.

프랑스의 경제학자 토마 피케티 Thomas Piketty 는 이 시기 영국의 도농 간 인구 이동에 대해 다음과 같이 짧게 서술하였다. "인구 증가와 농업 생산성 향상에 따른 농촌 인구의 대탈출로 인해 노동자들은 도시 빈민가로 쇄도해왔다."[17] 여기서 지적하고 싶은 부분이 바로 이것, 즉 '농촌 인구의 대탈출'이다.

임금 소득이라는 측면에서 볼 때, 최소한 이 시기 영국의 산업 간 인구 이동 농민→ 도시 임금 노동자은 산업 간 상대 소득의 차이와는 무관해 보인다. 아니 오히려 도시 노동자들의 삶은 더 열악하고 비참했다. 19세기 중반에 이르기까지 도시 노동자들의 임금은 매우 낮은 수준에서 오랫동안 정체되어 있었다.

이러한 당대 도시 노동자들의 비참한 현실은 프리드리히 엥겔스 Friedrich Engels 가 제1차 산업혁명의 핵심지였던 맨체스터에 체류하던 1842년에서 1844년 사이에 집필한《영국 노동계급의 상황 The Condition of the Working Class in England》에 상세히 묘사되어 있다. 또 비참한 노동자 계급의 현실을 타개하기 위한 방법으로 프롤레타리아 혁명을 주장한《공산당 선언》카를 마르크스, 프리드리히 엥겔스, 1845년이 발표된 것도 노동자 계급의 이러한 상황을 반증한다.

즉, 1차 산업 농업에서 2차 산업 제조업으로의 인구 이동은 높은 임금을 좇아 일어난 것이 아니라, 농업의 고용 감소로 인해 발생한 농촌 지역 유휴 노동력의 생존을 위한 불가피한 선택이 었다는 것이다. 다시 말해 농업 노동자들이 기존에 농촌에서 하던 일과 처우를 도시 노동자의 그것과 비교한 뒤 더 나은 삶을 위해 도시로 간 것이 아니라, 농촌에서 더 이상 일자리를 찾을 수 없었기에 어떻게든 살기 위해 도시로 간 것이다. 또 일자리를 구할 수 없는 다수의 유휴 노동력이 발생한 원인도 농업이 사양산업이 되거나 낙후되어서가 아니라 오히려 농업의 생산성과 생산량이 증가하여 적은 노동력을 투입해도 수요를 초과하는 충분한 공급이 가능해졌기 때문이다. 20세기를 대표하는 가장 영향력 있는 경제사학자로 손꼽히는 로버트 하일브로너 Robert L. Heilbroner도 같은 맥락의 주장을 한 바 있다. "산업사회와 농업사회의 구별은 식량 재배에 종사하는 이들이 얼마나 많은 비농업 인구를 먹여 살릴 수 있는가로 이루어진다."[18]

물론 자본 소득이라는 측면에서 보면 콜린 클라크의 주장은 타당하다. 확실히 자본은 항상 수익률이 높은 곳으로 흘러간다. 1차 산업혁명을 선도한 대표적인 산업은 직물 분야였다. 자본가들은 농가에 원료와 기계를 빌려주는 자본 유통 시스템과 면직물 직조기계 flying shuttle 등의 기계화 공정 투자를 통해서 높은 수익을 실현할 수 있었다.

같은 기간 농업 분야의 자본은 어떠하였는가?

고전학파의 창시자인 애덤 스미스Adam Smith의 이론을 계승, 발전시켜 고전학파의 완성자로 평가받는 영국의 경제학자 데이비드 리카도David Ricardo의 견해[19]를 한번 살펴보자. 본격적인 농기계 도입 이전의 농업에서 거의 대부분의 자본은 토지였으며, 자본의 수익률은 토지의 임대료인 지대였다. 리카도는 인구와 생산이 꾸준히 증가하면 토지는 그 희소성 때문에 지속적으로 가격이 상승하고 지대도 계속해서 상승할 것이라고 예측했다.

실제로는 어떠했는가? 우리가 경험한 바와 같이 토지 가격 상승과 이에 따른 지대 인상은 최소한 농지에서는 상대적으로 낮은 수준으로 일어났다. 심지어 농업 외의 다른 용도, 예컨대 공장부지, 주택부지 등으로 용도가 전환될 때 큰 폭으로 올랐다. 그 이유를 세 가지 정도로 밝힐 수 있다.

첫째, 19세기에 이르기까지 영국 국내외의 경지면적이 지속적으로 확대되었다. 둘째, 단위면적당 생산량이 지속적으로 증가하면서 농산물 가격이 정체되거나 오히려 하락하였다. 셋째, 충분한 생산이 이루어져 농산물 가격이 안정화되어 있는 기간에 다른 산업이 빠르게 성장하여 전체 국민소득 중 농업의 비중이 지속적으로 하락하였다.

결국 최소한 1·2차 산업혁명까지의 산업 간 인구 이동은 보다 높은 수익률을 따라 이동하는 자본에 일자리를 찾지 못한 실업자농촌의 유휴 노동력가 흡수되는 양상으로 이루어졌다고 보는 것이 타당하지 않을까? 이상의 논의를 정리하면 다음과 같이 말할 수 있을 것이다.

14세기 중반부터 18세기 중반까지 영국의 농업은 그간 영국이 도달했던 최대 인구약 600만 명를 부양하는 데 충분한 먹거리를 생산하면서도 1차 산업혁명에 투입될 수많은 유휴 노동력을 도시로 쫓아낼 만큼의 생산성 향상을 달성했다. 중세의 삼포식 농법을 대체하는 윤작법과 축력을 이용하는 새로운 쟁기 보급 등 농업 기술 진보를 바탕으로 농업 생산력이 3배나 증가하였다. (이 시기의 농업 발전을 신석기 농업혁명과 구분하여 1차 농업혁명이라 지칭하기도 한다.) 그리고 이러한 농업 기술 혁신의 중심이었던 영국은 이른바 맬서스의 덫Malthusian Trap을 극복하고 19세기 중반까지 폭발적으로 증가1,700만 명 수준하는 영국 인구를 성공적으로 부양하였다. 이뿐만 아니라 19세기 중후반까지 유럽 대륙에 곡물과 축산물을 공급하는 최대의 농산물 수출국이 될 수도 있었다. 따라서 1차 산업혁명으로 탄생한 신생 산업증기기관, 직물업, 제철업 등이 보여준 성장률에는 미치지 못하였지만, 농업에 부여된 사회적 역할을 충분히 수행해낸 이 시기의 농업 역시 첨단산업이었다고 할 수 있다.

또한 여기에서 여타 첨단산업들과 다른 오래된 첨단산업인 농업의 특징 하나를 명확히 밝히고자 한다. 농업은 항상 인류가 필요로 하는 만큼의 속도인구 증가가 요구하는 식량 수요에 대응할 수 있는 만큼의 생산 요소 투입과 동시에 지나친 증산으로 수익성을 잃어버리지 않을 만큼의 생산성 향상로 성장해왔으며, 이를 위한 적절한 수준의 진보를 채택한다는 것이다.

과연 그러한지, 그리고 만약 그렇다면 이러한 농업의 혁신 방식이 만들어갈 농업의 미래는 무엇일지를 비교적 최근19세기 이후 농업의 변화를 통해서 살펴보자.

어닝 랠리를
시작하다

'맬서스 트랩'을 극복한
19세기 농업

앞에서 "인구 변화가 농업 생산의 강도_{농업 방식}를 결정한다"는
1965년 에스테르 보세럽의 주장을 인용한 바 있다. 보세럽의 주
장은 1798년 발표된 토마스 맬서스의 《인구론》[20]에 오류가 있다
고 주장하며 인구와 농업의 상관관계를 재정립하려는 목적으로
쓰여졌다.

맬서스의 《인구론》은 당시 확보할 수 있었던 거의 모든 문
명학적 자료를 통합적으로 분석하여 인구 억제 요인으로서의
농업 생산량을 규명한 이론이며, 현대의 자본주의와 농업을 이

해하기 위해서 반드시 짚어봐야 할 경제학서이다. 성직자이기도 했던 맬서스는 리카도와 함께 19세기 전반의 가장 뛰어난 경제학자였다. 훗날 존 케인스 John Keynes 는 "만일 리카도 대신 맬서스의 이론이 19세기 경제학의 뿌리로 계승되었다면, 오늘날의 세계는 훨씬 풍요롭고 현명해졌을 것이다"라고 맬서스 경제이론의 가치를 평가하였다. 다른 한편 대척점에 있는 다수의 학자들은 맬서스의 예측이 근본적인 오류에 기반했으며 사장해야 마땅한 이론이라고 평가한다.

결론적으로 "인구는 기하급수적으로 증가하지만 식량은 산술급수적으로밖에 증가하지 않기 때문에 미래의 인구 과잉으로 인한 식량 부족은 필연적이며, 결국 늘어날 인구의 상당수가 가난 속에서 살다가 기아, 전쟁, 전염병 등으로 인해 인구 대비 식량의 불균형은 시정될 것이다"[21]라는 맬서스의 예측은 실현되지 않았다.

필자는 맬서스의 우울한 예측이 맞아서가 아니라 다행히 빗나갔기 때문에 맬서스의《인구론》이 여전히 우리에게 많은 함의를 준다고 생각한다. 앞으로도 계속 빗나가게 해야 하기 때문이다. 생각해보면 맬서스 그 자신이 '맬서스의 덫'에 빠져 있던 마지막 세대이자 이를 벗어난 첫 번째 세대였으며, 인류가 너무 늦지 않게 문제를 인지하고 극복할 수 있었던 결정적 동기를 제공한 사람 또한 다름 아닌 맬서스 그 자신이었다.

좀 더 자세히 살펴보자. 인구론은 세 가지의 강한 가정을 전제로 한다. 첫째, 인구는 기하급수적 성장 법칙을 따른다. 복리이자 계산 방식처럼 같은 시간, 같은 성장률이라 할지라도 기본이 되는 인구수가 달라지기 때문에 인구는 기하급수적으로 성장한다. 둘째, 인간 생존의 필수 자원인 식량은 산술급수적 성장 법칙을 따른다. 다시 말해 식량은 동일한 시간 안에 동일한 양이 늘어나며, 이것은 백분율로 계산하면 시간당 증가율이 감소함을 의미한다. 셋째, 대부분의 노동자 계층 등 하층민은 물질적 생활 조건 개선을 위해 출산율을 높인다.

이후 펼쳐진 역사는 이러한 맬서스의 세 가지 가정 중 첫 번째 가정과 세 번째 가정이 맞았음을 보여준다. 결국 식량 생산이 산술급수적으로 증가하리라는 잘못된 전제 때문에 예측이 빗나간 것이다.

이해를 돕기 위해 당시 인구 상황을 살펴보자. 맬서스가 기하급수적 성장 법칙이라고 표현한 인구 증가 현상을 토마 피케티는 '누적 성장의 법칙'[22]이라고 표현했다. 피케티에 따르면 세계 인구가 6억 명에 도달하는 1,700년 이전까지 연간 인구 증가율은 0.1퍼센트 이하이었다. 피케티는 연간 성장률이 1퍼센트일 경우 한 세대30년의 누적 성장률이 35퍼센트가 되고 100년마다 2.7배, 1,000년마다 2만 배로 성장한다고 설명하였다.

그런데 맬서스가 《인구론》을 집필하던 18세기 100년간 인류 역사상 처음으로 전 지구적인 '누적 성장의 법칙'이 작동되기 시작했다. 100년 전 6억 명이었던 인구는 1.6배 이상 늘어나서 10억을 돌파했다.[23] 이러한 상황을 발견한 맬서스가 받은 충격은 상당히 컸을 것이다. 아마도 우리가 공상과학 영화에서 자주 보는 장면 거대한 행성이 지구로 접근하고 있다는 사실을 처음 발견한 천문학자과 흡사한 상황이 아니었을까? 게다가 당시는 과학과 인간 이성의 힘이 인간 사회의 모든 문제를 해결하고 인류를 발전시킬 것이라는 희망적 계몽주의 세계관이 지식인들의 주류 사상으로 자리 잡는 상황이었다. 맬서스는 이러한 사실을 알리기 위해 불가피하게 가명으로 《인구론》을 집필하였고, 이러한 그의 경고는 충분한 효과를 가져왔다고 평가받는다.

맬서스의 예측대로 그리고 피케티가 재확인한 것과 같이 인구는 빠르게 증가했다. 19세기 초반 10억을 돌파한 인구는 20세기 초에 16억 명에 도달한다. 이 시기 늘어난 6억 명의 새로운 인구를 인류는 어떻게 부양하였을까? 물론 역축役畜[24]을 활용한 다양한 농기계 콤바인 수확기 등의 개발 및 활용 등 점진적인 농업 기술의 발전도 기여한 바가 크지만, 이후의 변화와 비교할 때 이 시기 농업 성장에서 가장 중요한 특징은 경지면적 확대와 질소비료 교역량의 증가이다.

농경지 확대에 관해 먼저 살펴보자. 이 시기 농경지 확대를 주도한 것은 환금 작물cash crop 생산을 전문으로 하는 대규모 상업적 농장 Plantation이다. 주로 열대나 아열대 기후인 동남아시아와 아프리카 및 중남미 등에서 이루어졌으며, 보통 제국주의 선진국들이 가진 기술력과 자본, 원주민과 이주노동자의 값싼 노동력과 좋은 토지를 바탕으로 하는 농업이다. 대개 단일한 품목을 경작하였으며 고무, 담배, 목화, 사탕수수, 삼, 차, 카카오, 커피 등을 생산했다.

또 하나 살펴볼 것은 질소비료 교역의 확대이다. 질소는 농산물 증산을 위해 가장 중요한 요소였으며, 인류는 부족한 질소를 확보하기 위해 다양한 순환농법을 개발해왔다. 그런데도 질소는 늘 부족했다. 유럽의 경우는 식량 증산을 위해 인도로부터 초석을 수입해 들여왔는데, 인구가 급증하면서 점차 충분한 수량을 확보하기가 어려워졌다.

그러던 중에 남미의 해안 안토파가스타에서 수백 미터 높이로 쌓인 새들의 배설물 퇴적층 구아노Guano가 발견된다. 천연비료로서 구아노의 효과가 규명된 1840년 이후 이 땅의 주인이던 페루와 볼리비아는 구아노 수출로 연 9퍼센트라는 경이적인 경제 성장을 하기도 했다. 그러나 1879년 제국들의 지원을 등에 업은 칠레와의 전쟁에서 패해 이 영토를 내어주게 되고 내륙 국가가 되어 쇠퇴하고 만다. 그래서 현재는 구아노를 달리 칠레 초석Chile saltpeter이라고도 많이 부른다. 아무튼 19세기 중반에 발견된 이 새로운 천연 질소비료는 1908년 독일의 화학자 프리츠 하버Fritz Haber에 의해 값싼 인공 질소비료 가공법하버-보슈법이 개발될 때까지 인류의 식량 증산 고민을 해결하는 데 크게 기여했다. 이것은 현재에도 채굴되고 있으며 여전히 상업적 가치가 있다.

거대한 새들의 똥 덩어리를 발견하는 등 우여곡절이 있었지만 19세기 농업은 불과 한 세기 동안 60퍼센트나 증가한 인구를 부양하는 데 성공했다. 이 와중에 맬서스의 《인구론》은 제국주의 국가들이 아시아와 아프리카 각국을 침략하고 수탈할 때 "늘어나는 자국 인구를 부양하기 위한 불가피한 선택"이라는 명분을 제공하는 용도로 많이 악용되기도 했다.

20세기의
2차 농업혁명

중세시대를 정리하면서 필자는 "농업은 항상 인류가 필요로 하는 만큼의 속도로 성장해왔으며, 이를 위한 적절한 수준의 진보를 채택한다"라고 주장하였다. 이러한 농업의 특성이 극명하게 드러나는 것이 20세기 농업의 성장이다.

대략 16억 명 수준에서 출발한 20세기 인구는 21세기가 시작되는 2000년에 61억 명에 도달한다. 자그마치 45억의 인구가 불과 100년 만에 늘어난 것이다. 또한 1·2차 산업혁명을 거치며 급성장한 세계 경제는 1인당 식량 소비를 큰 폭으로 증가시키는 방향으로 진화[25]해왔다. 이제 농업은 과거 어떠한 시기보다 더 빠르고 커다란 성장을 달성해야 하는 인류의 요구에 직면하게 되었다. 그리고 늘 그렇듯 필요한 만큼 성장하였다.

인류 역사상 가장 급격한 인구 증가가 일어난 20세기의 급격한 증산을 이끈 것은 단위면적당 생산량, 즉 단수單收의 폭발적인 증가였다. 전술한 바와 같이 이전 100년간 그전 인구의 60퍼센트에 해당하는 6억 명의 인구가 증가하였을 때, 이를 해결한 농업 생산량의 증가는 농경지 확대와 새로운 (천연) 질소비료 발견, 그리고 농업 기술의 발전 등이 복합적으로 작용한 결과였다. 그런데 20세기에 도달하자 농경지 확대는 이미 한계에 도달하였고, 새로운 질소비료칠레 초석 교역량 증가와 1차 농업혁명의 효과도 대부분 사라져 농산물의 단수는 정체 현상을 띤다. 이후 100년간 이전 인구의 약 380퍼센트에 해당하는 45억 명의 인구가 폭증하는 1900년경의 일이다.

20세기의 비약적인 농업 성장을 2차 농업혁명이라고 지칭[26] 하며, 일반적으로 화학비료, 농기계, 품종 개량을 이 시기 농업혁명을 이끈 3대 요인으로 평가한다. 이 3대 요인은 서로 밀접하게 연관되어 상호 작용하며 또 한 번의 농업혁명이라는 시너지 효과를 창출한다.

사실 이들 3대 요인은 완전히 새롭게 튀어나왔다기보다는 그 이전 시기부터 오랫동안 농업의 발전을 이끌어오던 것들이었다. 19세기 농업혁명을 이끈 요인들과 비교해보면 20세기에 새롭게 발명된 화학 질소비료는 19세기의 칠레 초석천연 질소비료을 대체한 것이다. 또 19세기의 농업 기술 발전 중 중요한 역할을 차지하는 역축을 활용한 농기구는 20세기에 내연기관을 활용한 농기계로 대체된다. 마지막으로 경지면적 확대는 단위면적당 활용률을 증가시키는 방식으로 발전하게 된다. 다만 인류가 농업에 요구하는 성장의 속도가 이전 어떤 시기보다도 크고 빨랐기 때문에 이 시기의 기술 진보도 가히 혁명적 수준일 수밖에 없었다.

본격적으로 20세기 농업혁명의 3대 요인을 자세히 살펴보기에 앞서 경지면적의 문제를 먼저 짚고 넘어가자. 기후위기나 환경문제 그리고 이로 인한 세계적 식량위기 가능성 등에 대한 문제가 거론될 때 단순히 '경지면적을 늘리면 된다'라고 생각하는 사람들이 의외로 많은 것 같다. 간척지를 늘리고 산림을 경작지로 전환하고 여기저기 보이는 유휴 부지를 활용하여 식량을 생산하면 충분하다고 생각하는 것이다. 물론 불가능한 방법은 아니다. 다만 경제적이지 못한 발상이며, 1차 산업혁명으로 농업 이외의 새로운 산업들이 발생하기 이전까지만 유효한 접근 방식이다.

앞서 살펴본 바와 같이 농업은 증가하는 인류의 식량 수요를 감당할 수 있을 만큼 성장하면서도 인류의 삶을 보다 풍족^최소한 경제적인 면에서는하게 만들어줄 다른 산업의 생성과 성장을 뒷받침하는 역할을 수행해왔다. 그중 논의에서 쉽게 간과되는 것이 농산물의 가격이다.

부족하지 않을 만큼의 식량을 공급하는 동시에 소득에서 차지하는 식료품 지출 비율이 줄어들거나 최소한 증가하지 않도록 경제적인 생산 방식을 찾는 것이 그동안 농업에 부여된 임무였다. 만약 농산물 가격이 경제 성장률만큼 계속 올랐다면 다른 산업들이 생산해내는 서비스와 재화의 구매 수요는 어디서 발생할 수 있었을까? 따라서 경지면적 확대는 현재 농산물 가격보다 낮은 수준의 생산이 가능한 조건에서만 가능하다. 그렇지 않다면 인류는 지금보다 불행해질 것이다.

다소 극단적인 예이지만 과거 용인자연농원이라고 불리던 지금의 에버랜드를 농장으로 전환하여 식량 작물을 생산한다고 가정해보자. 이러한 가정이 성립하려면 먼저 현재의 테마파크 에버랜드보다 미래의 농장 에버랜드가 수익성이 높을 것이라는 가정이 성립해야 한다. 여기에는 단위면적당 생산성과 생산된 농산물의 가격이 충분히 높아야 한다는 전제가 필요하다. 그런데 만약 낮은 비용_{초기 조성 비용과 생산을 위한 투입 요소 비용}으로 단위면적당 생산성을 획기적으로 높일 수 있는 기술이 발견된다면, 전체 공급량이 늘어나 수요의 가격 탄력성이 매우 낮은 농산물의 가격이 올라갈 수 없기 때문에 이러한 가정은 성립되지 않는다. 결국 에버랜드가 농장으로 변하는 일은 없을 것이고, 기존에 다른 용도로 활용되고 있는 토지도 대부분 그러할 것이다.

경제적인 측면을 고려할 때, 확대할 수 있는 경지면적은 전 세계적으로 이미 바닥을 드러냈다. 유엔식량기구와 PwC컨설팅의 분석에 따르면 2050년까지 늘어날 수 있는 경지면적은 전 세계적으로 70~80메가헥타르mha에 불과하다.

사하라 이남 아프리카와 남미 지역에서 90~100메가헥타르 정도의 추가 개발이 가능하고 남아시아에도 조금 여력이 있지만, 선진국에서는 오히려 25~30메가헥타르 정도의 감소가 일어날 전망이다. 넓고 광대해 보이는 지구의 대지 중 물, 토양, 기후 등의 환경적 요인과 정치적 요인 모두를 만족시키는 동시에 경제성까지 확보할 수 있는 땅은 거의 남아 있지 않은 것이다.

'경지면적 × 단위면적당 생산량 = 총생산량'이다. 경지면적이 고정되어 있다고 가정할 때, 증산은 오직 단위면적당 생산량의 증가로만 가능하다. 실제로 20세기 중반 이후 전 세계 경지면적은 전혀 늘어나지 않았고, 같은 기간 3.5배에 이르는 비약적인 증산은 수율단위면적당 생산성의 증가였다.

이제 본격적으로 20세기 농업혁명을 이끈 주역들인 화학비료, 농기계, 품종 개량에 대해 알아보자. 다시 한 번 말하지만 이세 가지 요인은 각각도 엄청난 역할을 하지만 서로 결합했을 때더 폭발적인 시너지 효과를 창출한다. 어째서 그런가 하는 점에유의하며 살펴보자.

20세기 농업혁명의 첫 번째 주역, 화학비료

제일 먼저 살펴볼 것은 화학비료이다. 20세기 초 독일의 화학자 프리츠 하버는 공기 중에 존재하는 질소를 인공적으로 농축해 암모니아로 합성함으로써 인공 질소비료를 만드는 방법 하버-보슈 법을 찾아내었다. 농업 생산량을 늘리는 데 가장 중요한 성분이라고 할 수 있는 질소는 매우 안정적인 물질이라 하버-보슈법이 개발되기 이전까지 토양에 질소를 충전하는 방법은 세 가지밖에 없었다. 번개가 칠 때 공기 중의 질소가 토양에 자연적으로 스며드는 것, 토양에 질소를 고정하는 기능을 하는 뿌리혹박테리아가 공생하는 콩과식물을 심는 방법, 농사를 쉬고 목초지를 만들어 축산을 함으로써 지력을 회복시키는 윤작 큰 틀에서 볼 때 휴경지 재배법의 일종이라고 할 수 있다 이 그것이다. 사실 번개는 인력으로 어찌할 수 있는 부분이 아니니 결국 콩과식물을 심는 것과 윤작법을 사용하는 것 말고는 토양에 질소를 충전하는 뾰족한 방법이 없었고, 그 와중에도 인구는 매년 폭발적으로 증가했다.

기존 방법으로 식량을 증산하는 것이 한계에 도착했을 때, 신대륙으로부터 두 가지 선물이 순차적으로 전해져 유럽인들을 구제하였다. 첫 번째가 남미를 정복한 스페인에 의해 유럽에 전

달된 감자이다. 냉해에 강한 감자는 17세기 중후반 유럽을 강타한 소빙하기[27]에 전 유럽으로 확산되어 널리 재배되었으며 18세기에는 서민의 주식[28]으로 평가될 만큼 중요한 작물로 자리 잡았다. 그런데 이 감자만으로는 증가하는 식량 수요를 감당하는 것이 한계에 이르렀을 때 또 한 가지 선물이 유럽에 전해진다. 전술한 구아노칠레 초석이다. 구아노는 원래 주로 화약 제조에 필요한 질산염을 얻는 용도로 채굴되었는데, 고효율의 질소비료로 활용될 수 있음이 밝혀진 뒤 농업에 대거 투입되어 몇 년간 풍작을 가져온다. 그리고 구아노 품귀 현상이 발생하기 시작하자 풍작은 끝난다. 사람들이 다시 기아가 찾아올지 모른다는 공포에 시달리기 시작할 때 '맬서스의 덫'을 근본적으로 해체해버리는 기적과 같은 발명이 이루어진다. 바로 하버-보슈법이다. 이 발명은 프리츠 하버를 유럽의 구세주로 만들었고, '공기로 빵을 만드는 과학자'라는 수식어가 그에게 부여되었다.

　하버-보슈법을 제대로 이해하기 위해서는 원천 기술을 앞서 발견한 프랑스의 유기화학자 폴 사바티에Paul Sabatier의 연구를 먼저 살펴보아야 한다. 20세기의 벽두 1901년에 사바티에는 니켈, 코발트, 구리, 철 등의 미세 금속분말을 사용하면 많은 유기화합물과 무기 화합물의 수소 첨가 반응을 일으킬 수 있음을 알아냈다. 그리고 이 성과로 1912년 노벨화학상을 수상하였다. 그가 발견한 수소 첨가 반응은 다양한 용도로 활용되었는데, 특히 인류사에 큰 영향을 끼친 것이 암모니아, 휘발유, 마가린의 제조 공정이다.

사바티에의 연구에서 촉발된 이 세 가지 새로운 제조 공정은 기존의 매우 중요한 자원 또는 상품을 대체하였다. 그중 첫째로, 암모니아는 질소에 수소를 첨가하는 방법하버-보슈법으로 만들어져 질산염 제조에 이용되었다. 그리고 너무나 저렴한 가격으로 칠레산 구아노에서 나오던 질산염을 대체한다. 제1차 세계대전을 즈음하여 독일의 화학약품 제조사인 바스프BASF가 이를 주도하였고 합성 암모니아를 통한 값싼 질소비료와 질산염폭탄의 주원료이기도 했다의 대량 생산은 독일의 국력 신장을 이끌었다. 이제 '합성 암모니아' 없이 강대국이 되는 것은 불가능한 것으로 받아들여졌고, 주요 선진국들은 하버-보슈법을 비롯한 유사 공정을 개발하기 위해 전력을 다했다. 그렇게 생산된 합성 질소비료는 제2차 세계대전 이후 전 세계의 농경지에 융단폭격이라고 할 만큼 쏟아부어졌는데, 그 양이 얼마나 많았는지 20세기 말에는 인간의 식품에 함유된 질소의 약 3분의 1이 질소비료에서 나올 정도가 되었다.[29] 두 번째로, 석탄의 수소 첨가 액화법은 석탄에서 휘발유를 추출하여 석유를 정제하여 얻는 휘발유를 대체했고, 지방과 기름에 수소를 첨가하여 만들어낸 마가린은 기존의 마가린과 버터를 대체했다. 특히 고래기름이 마가린의 가장 중요한 생산 원료로 부상하면서 남극해의 고래가 멸종위기종이 될 때까지 남획되기도 하였다.

역축에서
동력기관으로

두 번째로 살펴볼 것은 농기계이다. 농기계란 무엇인가? 한국의 농업기계화 촉진법에서는 '농림축산물의 생산/ 생산 후 처리작업/ 생산시설의 환경 제어와 자동화 등에 사용되는 기계·설비 및 그 부속 기자재'라고 정의하고 있다. 아마도 '농업에 사용되는 모든 기계를 지칭한다'라는 뜻일 것이다. 그렇다면 이것은 농기구와 어떻게 구별될까?

농기계는 농사를 짓기 위해 사용하는 도구의 한 종류이다. 농사를 처음 짓기 시작한 신석기혁명 시기부터 농부들은 토양을 갈아야 농사가 잘된다는 사실을 경험을 통해서 배워나갔을 것이다. 토양을 갈아주면 하부에 있는 토양의 영양을 활용할 수 있고, 단단히 굳어 있는 토양 내에 공간을 만들어 경작하려는 식물의 뿌리가 활성화하는 데 도움을 줄 수 있었다. '경작耕作'이라는 단어 자체가 밭을 가는 행위를 뜻하지 않는가?

그래서 당시 농부들은 무엇으로 밭을 갈아야 좀 더 편리하고 효율적일지, 어떻게 해야 충분히 깊은 하부 토양까지 땅을 갈아엎을 수 있는지를 끊임없이 고민했다. 초기 농경 사회에서는 주로 농업에 사용되는 도구의 재질과 모양이 발전되어왔다. 석기에서 청동기로, 청동기에서 철기로. 그런 맥락에서 보면 요즘 우리가 비효율적으로 일하고 있는 모습을 비아냥거릴 때 하는 말인 '삽질하네'는 당시로서는 상상도 할 수 없는 첨단장비인 '삽'을 경시하는 말이다. 언제부터 우리는 '삽질하네'라는 말을 쓰기 시작했을까? 아마도 오직 인간의 노동력으로 농사를 짓던 시대에서 벗어나 소나 말, 당나귀와 노새와 같은 가축의 힘을 빌려 훨씬 효율적으로 쟁기질을 하기 시작한 이후가 아닐까 싶다. 삽질과 가축을 활용한 쟁기질을 구분하는 가장 큰 차이는 당연히 농작업의 동력원動力源이다. 농작업 수행에서 인력을 기반으로 하는 농업 도구는 농기구로, 역축이나 동력기관을 활용하는 농업 도구는 농기계라고 분류한다면, 20세기 농업혁명을 이끈 두 번째 요인은 농기계의 동력원이 역축에서 동력기관으로 완전히 전환된 사실이라고 할 수 있다.

　우리는 흔히 증기기관차 하면 1769년의 제임스 와트 James Watt 를 떠올리지만 실제 증기기관차가 철로 위를 처음 달린 것은 리처드 트레비식 Richard Trevithick 에 의해 1804년에야 실현되었다. 이를 지켜본 많은 과학기술자들은 농기계에도 가축 대신 증기기관을 쓰고 싶다는 꿈을 꾸었고, 다양한 시도가 계속되었다. 그러나 증기기관은 너무 무거워서 농촌의 좁은 길을 다니기에 부적합했고 많은 사망사고를 발생시켰다.

　이때 새로이 부각된 것이 내연기관이다. 독일의 니콜라우스 아우구스트 오토 Nikolaus August Otto 가 내연기관 실용화에 성공하고 1877년 '오토 사이클'로 특허를 취득했다. 그리고 내연기관을 탑재한 트랙터를 실현해낸 것은 훗날 '트랙터의 아버지'라 불리게 되는 존 프로리치 John Froelich [30]에 의해서이다.

　《트랙터의 세계사》를 집필한 후지하라 타츠시藤原辰史는 가축을 이용하던 농기계와 내연기관을 이용하는 트랙터의 차이를 상세히 분석하였는데, 그중 논의를 위해 필요한 몇 가지만 정리하면 다음과 같다.[31]

　첫째, 트랙터는 피로를 느끼지 않기 때문에 농번기에는 야간까지 작업이 가능하지만 고장이 난다. 이 특징은 농장이 규모화될수록 중요한 장점이 되며, 기술 발전으로 고장률은 점점 줄어든다.

둘째, 트랙터는 사료를 먹지 않지만 연료를 넣어야 한다. 이 부분은 매우 중요하여 초기 트랙터 광고에는 '일할 때만 먹어요'라는 문구가 들어갔다고 한다. 만약 사료를 먹지 않는다면 이를 위한 별도의 목초지를 조성할 필요가 없어져서 농장의 생산면적을 보다 효율적으로 활용할 수 있게 된다. 실제로 영국과 미국에서 농사용 말의 이용도가 최고조에 이르렀을 당시 경작지의 3분의 1 정도는 말을 유지하는 데 쓰였다. 말은 풀, 건초, 곡물의 거대 소비자였다.[32]

셋째, 배출물이 배기가스인 만큼 이것을 비료로 활용할 수 없다. 이는 매우 치명적인 약점이다. 가축 분뇨를 짚이나 톱밥 등과 섞어 발효시킨 퇴비는 당시 가장 중요한 비료였으며, 이를 구할 수 없다면 별도의 비료를 구입해야 했다. 이를 한 방에 해결한 것이 20세기 초 상용화된 합성 질소비료이다.

중세 이후 19세기 이전까지 세계 농업 발전을 주도한 나라가 영국이었다면 20세기 농업 발전을 주도한 나라는 단연코 미국이다. 20세기가 시작될 때 미국의 농업은 매우 노동집약적이었다. 평균 다섯 가지 작물을 재배하는 다수의 소규모 농장에서 농업이 이루어지고, 전체 미국 근로자의 약 절반이 농업에 종사하였다. 이에 따라 전체 인구의 절반 이상이 농촌에 거주하였다. 미국 농업에서 농사용 말은 1880년 1,100만 필에서 1915년에 2,100만 필까지 증가하여 최고치에 이르렀다가 1930년대 중반이 되면서 다시 1880년 수준으로 돌아갔다.[33] 반면 21세기가 시작되는 시점의 미국 농업은 전체 인구의 1퍼센트를 조금 넘는 인구를 고용하면서도 세계 최고의 농업 수출국 자리를 차지하게 되었다. 농업용 말은 아예 없어지고 그 자리를 500만 대 이상의 고성능 트랙터가 대체했다. 이전에는 사용하지 않았던 비행기나 드론, 인공위성 등도 투입된다.

물론 1910년대 중반 이후 급속도로 이루어진 미국 농업의 기계화 혜택이 모든 농민에게 순조롭고 평화롭게 돌아간 것은 아니다. 오히려 수많은 농민이 그들의 집과 땅을 은행에 빼앗기고 일자리를 찾아 길바닥을 헤매는 시련을 맞이했다. 혹자는 이 시기 지나치게 빠르게 확대된 트랙터의 도입이 미국발 세계 대공황의 한 원인이 되었다고까지 평가한다.

1914년 제1차 세계대전이 터지고 유럽에서 밀 생산이 차질을 빚자 국제 밀 가격이 폭등하면서 통제할 수 없을 만큼 많은 양의 밀이 재배되기 시작한다. 당시 미국의 밀은 생산되는 족족

비싸게 팔려나갔고, 은행들은 트랙터를 구입하려는 농민들에게 무담보 저이자 대출을 열어준다. 이 시기 대량 생산 체계를 완성한 트랙터 제조사들은 급증하는 트랙터 수요를 충분히 감당할 수 있었고, 트랙터 성능은 좋아지는데 대량 생산으로 가격이 오히려 내려가는 상황이 발생하자 일정 규모 이상의 농장을 보유한 농민들은 너도나도 트랙터를 사들였다. 이 효과는 농업을 넘어 미국 제조업의 호황으로 연결되며 주식시장까지 활황을 맞이한다. 그러자 도시의 자본가나 임금 노동자뿐만 아니라 농민들까지 가진 돈 전부를 증시에 밀어 넣게 된다.

트랙터는 농업 생산량을 3~5배 이상 늘려주는 효과를 낳았고 이에 따라 미국의 농업 생산량은 폭발적으로 증가하였다. 바로 이 시점에 갑작스레 제1차 세계대전이 막을 내렸다. 세계대전이 끝나자 전쟁 수행으로 농업 생산에 차질을 빚었던 대부분의 유럽 국가에서 우선적으로 농업 복구가 시작되었다. 그렇게 세계 전체의 농업 생산은 과잉 공급을 향해 질주하기 시작했다. 앞서 필자가 주장한 농업의 성장 방식_{농업은 항상 인류가 필요로 하는 만큼} _{의 속도로 성장해왔으며, 이를 위한 적절한 수준의 진보를 채택한다}은 최소한 이 시기만큼은 작동하지 않았다.

트랙터가 가져온 농업 생산의 엄청난 증가는 당연히 농산물 가격의 폭락으로 이어진다. 사실 1920년대 중반부터 이러한 잉여 농산물의 문제는 위기에 도달해 있었지만 근거 없는 낙관주의가 시장을 지배하는 상황이 계속된다. 결국 농산물 가격 폭락으로 농가들이 망하기 시작하자 이자는커녕 원금마저 돌려받지 못한 농촌 지역의 은행들이 문을 닫고, 이 여파로 농촌 지역의 은행에 대출을 해준 도시 지역 은행도 흔들리는 연쇄작용이 시작된다. 금융권의 부실은 도시의 제조업체 전반에 대한 대출 규제로 이어져 투자가 감소하고 도산하는 기업이 늘어난다. 그럼에도 불구하고 과잉 생산_{농업뿐만 아니라 공업 부분도}은 지속되어 결국 미국 시장은 지독한 디플레이션이라는 수렁에 깊숙이 빠져든다. 바야흐로 대공황이 시작된 것이다.

존 스타인벡John Steinbeck의 1939년 작품 《분노의 포도》는 바로 이 시기 미국의 농촌을 배경으로 한다. 모래바람으로 농사를 망치고 트랙터에 밀려 고향을 등지게 된 오클라호마의 소농 일가가 맞이한 참혹한 현실을 그려낸 이 작품으로 존 스타인벡은 퓰리처상₁₉₄₀과 노벨문학상₁₉₆₂을 수상하였다. 이러한 상황은 제2차 세계대전의 발발로 경기가 회복될 때까지 지속되었으나 일단 기계화가 시작된 농업에 역축이 돌아오는 일은 결코 발생하지 않았다.

초정밀
품종 개량의 시대

세 번째로 살펴볼 것은 품종 개량이다. 사실 품종 개량은 인류가 농업을 시작한 이래 끊임없이 이루어져왔다. 초기의 품종 개량은 추수할 때 가장 좋은 종자를 골라 다음 해에 파종하는 단순한 선택 방식[34]이었다. 이후 한 단계 발전하여 오랜 기간 사용되어온 전통적인 육종 育種 [35] 방식이 교배 육종이다. 교배 육종은 서로 다른 우수한 형질을 갖는 개체들을 교배하여 한 개체에서 우수한 형질 모두를 모아 신품종을 개발하는 방식이다. 이른바 순종보다 우수한 잡종 hybrid 을 만들어내는 것이다. 현재 인류가 재배하는 바나나, 커피, 땅콩, 장미 등 많은 식물은 자연적으로 잡종 형성이 되거나 인공적인 방법으로 교잡된 것들이다.

주로 숙련된 농부의 경험에 의존하여 지속적인 시행착오를 통해 성과를 내던 교배 육종을 과학적으로 정리한 사람이 오스트리아의 신부였던 그레고르 멘델 Gregor Mendel 이다. 그는 1856년부터 성 토마스 수도원에 있는 조그마한 뜰에서 34그루의 완두로 잡종 교배 실험을 하였다. 225회에 이르는 잡종 교배를 통하여 1만 2,000종의 잡종을 수확한 멘델은 잡종 교배 과정에서 유전법칙 Mendel's law 을 발견하여 1865년 〈식물 잡종에 대한 실험〉이라는 논문을 발표했다. 당시에는 별로 주목받지 못했지만 20세기에 들어서면서 멘델은 유전학의 첫 장을 연 생물학자로 평가받게 된다. 즉 육종이 우연의 영역에서 과학의 영역으로 넘어오게 된 것이다.

현재 생산되고 있는 세계 3대 식량 작물 옥수수, 밀, 쌀은 BC 9000년에서 BC 6000년 사이에 순화馴化[36]된 이후 오랜 품종 개량 과정을 겪어왔지만, 20세기의 품종 개량은 그 이전 시기 전체의 성과를 훨씬 넘어서는 것이었다.

옥수수의 경우를 살펴보자. 옥수수는 사실상 가축의 가장 중요한 사료로서 인류의 곡물뿐만 아니라 육식까지도 책임지고 있는 식량 작물이다. 옥수수는 생산 효율성이 매우 높아서 다른 작물이 따라오기 힘들다. 밀이나 벼가 한 알에서 30배 이상의 효율을 내기가 힘든 반면, 옥수수는 잘만 하면 수백 배까지도 수확이 가능하다. 2018/2019 기준 생산량 11억 톤으로 여전히 세계에서 가장 많이 생산되는 곡물이기도 하다.

옥수수의 원 품종으로 알려진 테오신테teosinte는 두꺼운 껍질 속에 고작 몇 개의 열매가 맺혔다가 익으면 사방으로 떨어져 나가 번식하던 식물이다. 강아지풀같이 풀에 가까운 이삭만 얻을 수 있으며 알갱이가 매우 적어 먹을 부분이 거의 없을 정도였는

데, 이를 중앙아메리카現재의 멕시코의 선조들이 BC 9000년경부터 무한 교배해 식량 작물화한 것으로 보고 있다. BC 3600년경 멕시코 유적에서 콘넛옥수수과자이 발견됐다는 점을 감안하면, 옥수수 식용의 역사가 매우 길다는 것을 알 수 있다. 다수의 역사학자들은 멕시코 지역에 고대 문명이 성립할 수 있었던 최대 원인으로 이 옥수수 재배를 꼽고 있다. 실제로 마야 문명을 비롯한 여러 멕시코 지역 문명에서는 신이 옥수숫가루를 빚어서 사람을 만들어낸 것이라고 믿을 정도로 옥수수를 중요시했다.

좋은 종자를 구하는 것이 농사의 시작이라는 점에서 품종 개량은 늘 중요한 과제였으나, 20세기의 품종 개량은 유전학과 분자생물학 등 새롭게 등장한 첨단과학 기술에 바탕을 두고 급속도로 발전하며 커다란 성과를 창출하였다.

1953년 4월 25일, 과학저널《네이처》에 DNA 이중나선의 구조도가 발표되었다. 20세기 생명과학계의 최대 사건 중 하나였다. 이로써 1953년은 분자생물학 탄생 기적의 해라고 불리게 된다. 유전학 연구는 이때부터 본격적으로 발전하기 시작되었다. 이로써 신의 영역에 속했던 생명의 신비를 인간이 시험관 안에서 분자 수준으로 연구하는 시대가 열렸으며, 세계 주요 작물의 유전자 정보가 속속 밝혀졌다. 각종 첨단 생명공학 기술이 이를 활용하여 초정밀 품종 개량을 시도하게 되었다. 이른바 신육종기술 New Plant Breeding Technology, NPBT 시대가 시작된 것이다. 신육종기술은 그간 불가능하다고 평가되었던 품종 개량이나 수십 년 이상 소요되던 품종 개량을 단기간에 이루어낼 수 있었다. 부작용을 우려하는 시각도 적지 않지만 현재 우리나라에 수입되는 옥수수와 콩의 80~90퍼센트는 이 기술을 활용해 만들어낸 GMO Genetically Modified Organism 이다.

20세기의 급속한 농업 생산량 증가에서 결정적 역할을 하는 녹색혁명 Green Revolution 에서도 품종 개량은 중요한 역할을 담당하였다. 식량 작물의 증산을 위해서는 줄기가 짧으면서 이삭을 많이 맺는 방향으로의 품종 개량이 중요했다. 이삭이 많이 맺혀도 줄기가 길면 무게를 견디지 못하고 작물이 쓰러져버리기 때문이었다. 결국 1950년대 후반과 1960년대에 걸쳐서 짧은 줄기의 다수확 밀과 벼의 품종 개량이 성공했고, 이것이 만성적 식량 부족을 겪고 있던 개발도상국 농가에 빠르게 보급되었다. 그 결과가 녹색혁명이다.

사실 녹색혁명은 단순히 농업 기술 발전에만 기인하지는 않는다. 오히려 정치적 요인이 더 강하게 작용했다고 볼 수도 있다. 녹색혁명을 주도한 미국은 냉전이 심화되고 있던 이 시기에 다수의 개발도상국을 자국 편으로 끌어들이기 위해 개도국들이 경제적 어려움을 극복하도록 돕는 게 중요하다고 판단했고, 가장 시급한 식량 증산을 지원하기로 결정했다. 그 일환으로 록펠러 재단이나 포드 재단과 같은 미국의 민간기구가 개발도상국에 작물연구소와 농업 협력 프로그램을 운영하였다. 멕시코의 국제 밀·옥수수 연구소CIMMYT에서는 록펠러 재단의 후원을 받은 노먼 볼로그Nonman E. Borlaug[37]가 짧은 줄기의 다수확 밀을 개발하였다. 또 필리핀 마닐라의 국제 쌀 연구소IRRI에서는 1960년대 여러 종류의 짧은 줄기 다수확 품종을 개발하였는데, 대표적인 것이 '기적의 벼miracle rice'로 일컬어졌던 IR8이다. 비록 IR8은 품질이 좋지 않아 큰 호응을 얻지는 못하였지만, 이를 개선한 후속 품종이 개발되면서 식량 증산에 크게 기여하였다. 우리나라의 통일벼도 국제 쌀 연구소의 지원으로 IR8과 자포니카 종을 교배하여 만든 신품종 IR667이 그 원형이다.

앞서 농기계와 화학비료가 필수 불가결의 관계임을 살펴본 바 있다. 발전된 품종 개량 기술로 만들어진 신품종 역시 마찬가지다. 신품종은 다량의 화학비료와 농약을 투입할 때만 높은 생산량을 나타냈고, 이러한 영농 방식을 수행하기 위해서는 농기계가 필수적인 요소였다.

20세기 농업의
눈부신 성장

결국 20세기의 비약적인 농업 성장은 화학비료, 농기계, 품종 개량의 삼박자가 조화를 이루어 가능한 일이었다고 평가할 수 있다. 화학비료, 농기계, 품종 개량은 모두 당시의 첨단과학 기술이 빚어낸 산물이었다. 결과적으로 20세기의 농업은 첨단과학 기술 도입을 통해 놀라운 생산량 증가를 이루어낸 첨단산업이었다고 말할 수 있겠다.

20세기 농업 발전을 이끈 미국에서 농업과 농촌은 크게 변모하였다. 농업 부문의 변화에 가장 큰 영향을 준 것은 농업 기술 발전이다. 특히 제2차 세계대전 이후 기술 발전과 확산이 전례 없이 빠르게 진행되었다. 농업기계화와 화학 투입물의 증가는 지속적인 경제성 향상으로 이어졌고, 이는 다시 농장 규모 확대와 농장 수 및 농촌 인구의 급격한 감소를 초래했다. (한 세기 동안 농장의 평균 규모는 67퍼센트 확대되었고, 농장 수는 63퍼센트 감소하였다.) 1960년대 후반 농기계에 의한 수확 작업이 일반화되었고, 1970년까지 트랙터가 역축을 완전히 대체하였다. 20세기 내내 지속된 품종 개량은 농업기계화를 촉진하였고 단수와 품질을 높였다. 이 경향은 1945년 이후 저렴한 화학비료와 농약 덕분에 더욱 강화되었다.

이러한 발전으로 1948년부터 1999년 사이 농업 생산성의 성
장률은 연 1.9퍼센트에 달했다. 같은 기간에 제조업 생산성은
연평균 1.3퍼센트 성장했다. 결과적으로 미국 농업은 지속적으
로 효율화되었고 전체 경제 성장에도 기여하였다. 농업 생산량
은 엄청나게 증가하여 가계 소비 중 식품 지출 비중이 급격히 감
소하고 인구의 큰 비중이 비농업 부문에 취업함으로써 경제의
성장과 발전을 뒷받침하였다.[38]

새로운 돌파구를
모색하다

한계에 봉착한
농업 증산 방식

앞 장에서 신석기 농업의 태동부터 오늘날까지 농업이 어떠한 경로로 발전하여왔는지 대략적으로 살펴보았다. 전 시기에 걸쳐 농업의 발전과 성장을 강제한 것은 인구 증가였다. '인구 변화가 농업 생산의 강도를 결정한다'는 농업 집약화 이론은 적어도 지나온 농업의 역사에서는 성립했다. 신석기 농업혁명 당시 500만 명에 불과했던 인구는 현재 2022년 3월 79억 3,300만 명으로 약 1,600배 늘어났지만 농업의 발전은 증가한 인구를 부양해내는 데 성공했다.

20세기까지 지난 수천 년간 유지되어온 농업의 증산 방식은 '더 많은 투입으로 더 많은 수확을 창출한다More from More'로 요약할 수 있다.

농업 초기에는 경지면적을 넓히거나 사용 빈도장기 휴경-중기 휴경-단기 휴경-연작를 높이는 방법으로 증산에 성공했다. 이어진 중세시대에는 농기구신형 쟁기와 농법삼포식 농법의 발전이 증산을 이끌었다. 그리고 이 시기까지 인류는 전체 노동력의 거의 대부분을 농업에 투입해야 했다.

16세기에서 18세기에 걸친 영국의 농업혁명은 생산성 증대단위면적당 & 투입인력당를 통해 대규모의 유휴 노동력을 발생시켰고, 농촌을 탈출해 도시로 간 이 노동력은 산업혁명의 토대가 되었다. 이제 인류는 일부만 농업에 종사해도 전체를 먹여 살릴 수 있는 시대로 진입하게 된다. 인간의 노동력이 빠져나간 자리는 역축주로 말이 메꾸었고 점점 더 많은 역축이 농사에 동원되었다. 이러한 현상은 20세기 초까지 지속된다.

19세기의 농업 생산량 증가는 동남아시아, 아프리카, 중남미 등에 대규모 상업적 농장을 건설하는 경작지 확대와 새로운 질소비료칠레 초석의 투입 확대 등으로 가능했다.

20세기의 증산은 기존의 투입 요소를 보다 효율적인 것으로 대체하여 최대한 투입하는 방식으로 이루어졌다. 역축은 트랙터로, 천연 질소비료는 합성 질소비료로 대체되었다. 기존의 종자들은 화학비료와 농기계와 결합했을 때 더욱 높은 생산성을 가지는 방향으로 품종 개량이 일어났다. 그 결과 20세기 중반부터 반세기 동안 세계 인구가 143퍼센트 증가하는 동안에 곡물 생산량은 192퍼센트 증가하였다.

에스테르 보세럽은 맬서스 트랩에 반대하며 "인류는 항상 길을 찾을 것이고, 독창성의 힘은 늘 수요의 힘을 능가할 것"[39]이라고 했지만, 큰 틀에서 볼 때 20세기까지 인류의 증산 방식은 언제나 투입 요소를 보다 싸고 효율적으로 대체하여 집중 투입하는 식이었다. 그리고 마침내 이러한 방식은 한계에 봉착했다. 독창적인 해법을 찾아야 할 시점이 도래한 것이다.

현대 농업의 근간을 이루는 대량 투입생산성 중심의 품종 개량 + 화학비료·농약 + 농기계와 관개시설을 통한 생산성 향상 방식은 많은 문제를 수반했다. 토양과 수질, 대기 등의 환경오염과 온난화까지, 전 지구적 기후변화의 주요 원인으로 작용한 것이다. 이뿐만 아니라 세계 인구의 지속적 증가에 따른 식량 부족 가능성이 상존하는 가운데 대량 투입 방식의 수확량 증가율 감소 추세로 미래 식량 확보마저 우려되는 상황이다. 농업 인구 감소와 고령화로 인한 노동의 질 하락과 농촌 공동화 문제도 대응해야 한다.

21세기 EU의
혁신

21세기 농업이 직면한 다양한 도전에 대하여 가장 먼저 그리고 가장 적극적으로 대응하고 있는 유럽연합EU의 정책에 대하여 살펴보자.

EU의 공동 농업 정책CAP[40]은 지난 60년 동안 유럽 농업·농촌의 다양한 시대적 환경 변화에 대응하여 유럽 농업의 발전 방향을 결정해왔는데, 이미 1985년 CAP 개혁안에서부터 환경 보전과 관련된 조항들이 포함되기 시작했다. 미래의 지속 가능한 농업·농촌을 유지해나가기 위한 환경친화적 농업 정책이 핵심 주제로 부상한 것은 2013년 CAP 개혁안에서다. 이 개혁안이 반영된 〈CAP 2014-2020〉에서는 EU의 농정기조로 그리닝Greening을 천명하였으며, 주요 정책에도 이를 적극 반영[41]하였다.

미래 농업의 지속 가능성을 강조하는 EU 집행위가 내놓은 2013년 개혁안의 배경에는 당시 세계 식량안보를 바라보는 EU의 시각이 들어 있다. UN 식량농업기구는 세계 인구 증가에 따라 2030년에는 세계 곡물 수요가 50퍼센트 정도 증가하리라 전망하였다. 늘어나는 식량 수요에 적절히 대응하기 위해서는 농업 생산 면적이 증가하거나 동일한 면적에서 생산성이 획기적으로 증가해야 한다. 그러나 〈OECD 2011-2020 농업 전망〉은 2011년에서 2020년 사이 세계 농업 생산성이 연간 1.7퍼센트 증가할 것으로 예상했다. (이는 이전 10년간의 연간 2.6퍼센트보다 오히려 낮은 수치이다.)

이러한 배경에서 EU 집행위는 "미래의 농업은 보다 적은 자원을 활용해 보다 많은 농산물을 생산해야 하는 농업이어야 한다"고 판단하고 그리닝 정책을 제안한다. 구체적으로는 물을 덜 사용하고 농약을 덜 쓰며 온실가스를 덜 배출하는 농업으로 변화해야 한다는 내용을 담고 있다. 20세기의 녹색혁명에 기초를 둔 집약적 농업 생산 확대가 향후 세계 인구 90억 명 시대 2022년에 벌써 80억 명을 돌파했다 까지 적용될 수는 없기 때문이다.[42]

2021년 12월 2일 유럽 CAP 개혁에 대한 합의가 공식적으로 채택되었다. 2023년에서 2027년까지 적용될 새로운 CAP에서는 농업 및 농촌 지역이 유럽 그린딜 Green Deal 의 중심이 될 것이라고 천명하였다.

〈New CAP: 2023-2027〉의 10대 핵심 목표에는 농가들의

소득 보장과 경쟁력 향상, 농촌 지역 활성화, 세대 교체 등과 함께 기후변화 조치, 환경관리, 생물 다양성 보호 등 EU의 그린딜 정책에 부합하는 목표가 다수 반영되었다. 여기서 필자가 가장 주목하는 것은 '지식과 혁신 Knowledge and Innovation'이다.

이 목표의 내용은 지식, 혁신 및 디지털화를 촉진 및 공유하고 연구, 혁신, 지식 교환에 대한 접근성 향상을 통해 농업 및 농촌 지역을 스마트화하는 것이다. 이는 기존의 농업 방식을 지속 가능한 방식으로 전환하기 위한 방법론을 반영하고 있다.

정밀 농업, 디지털 농업 그리고
농업의 디지털 전환

전술한 바와 같이 EU 집행위가 생각하는 '미래 농업'은 보다 적은 자원을 활용해 보다 많은 농산물을 생산하는 농업이다. 20세기까지의 농업 방식을 'More from More'라고 한다면 미래의 농업은 'More from Less' 방식으로 전환되어야 한다는 것이다. 그리고 이것을 가능케 하는 것이 '지식과 혁신'을 통한 농업 및 농촌 지역의 스마트화인 셈이다. EU는 이미 2011년에 '자원 효율적인 유럽을 위한 EU 로드맵 The EU Roadmap to a Resource Efficient Europe'을 통해 2050년까지 유럽 경제를 지속 가능한 경제로 전환하는 비전을 제시했다. 그리고 "더 적은 투입으로 더 많은 가치를 창출하고, 지속 가능한 방식으로 자원을 사용하며, 수명 주기 전반에 걸쳐 자원을 보다 효율적으로 관리"하기 위한 정책 목표 및 조치를 설정하였다. 그리고 5년 후인 2016년 유럽 환경청 European Environment Agency, EEA 은 32개 유럽 국가의 전 산업에서 2000년과 2014년 사이의 물질 사용 및 자원 생산성 동향을 분석하고 자원 효율성 및 순환경제에 대한 EU 정책 프레임워크를 재검토[43]하였다.

농업만으로 한정했을 때, "더 적은 투입으로 더 많은 가치를 창출하고, 지속 가능한 방식으로 자원을 사용하며, 수명 주기 전반에 걸쳐 자원을 보다 효율적으로 관리"하려는 EU 로드맵의 실행 방법은 정밀 농업으로 나타난다. 2016년 유럽의회에서 발행한 보고서[44]에 따르면 정밀 농업은 "디지털 기술을 활용하여 농업 생산 과정을 모니터링하고 최적화하는 기술"이다. 또한 정밀 농업을 통해 보다 적은 투입물 물, 에너지, 비료, 농약 등 을 사용하여 농업 생산물의 양과 품질을 증가시키는 한편 비용 및 환경 오염을 절감할 수도 있다. 적시 적소에 정확히 필요한 양을 정밀하게 투입하기 때문이다.

'More from Less'가 21세기 농업의 발전 방향이라면 정밀 농업은 그 출발점이라고 할 수 있다. 유사하게 사용되는 스마트 농업 Smart Farming 은 빅데이터, 클라우드 및 사물인터넷을 포함한 첨단 ICT 기술 인프라를 농업에 접목하여 운영 추적, 모니터링, 자동화, 데이터 분석 등을 통한 농업 생산 증대 및 품질 향상을 추구하는 것이다. 정밀 농업의 확장된 개념이지만 근본적으로 정밀 농업과 비교해 차별성은 크지 않다.

이에 비해 디지털 농업 Digital Farming 은 정밀 농업과 스마트 농업을 아우르고 뛰어넘는 개념으로, 핵심은 데이터를 통해 가치를 창출하는 것이다. 정밀 농업이나 스마트 농업이 농장주에게 의사결정에 필요한 정보를 생성하고 제공했다면, 디지털 농업은 인공지능 AI 을 통해 의사결정의 상당 부분을 대체한다는 점에서 차별성이 있다.[45] 한마디로 말해 이제는 농업이 디지털 전환 Digital Transformation, 이하 DX 을 통해 데이터 경제로 편입되는 단계에 들어선 것이다.

PART 02

새로운 전환

디지털 전환과
데이터 경제 시대의 도래

변화에 직면한
우리의 선택은?

세상은 점점 빠르게 변해간다. 우리는 세상의 패러다임을 바꾸는 급진적이고 거대한 변화를 혁명이라고 부른다. 그리고 지금 사회 전반에서 일어나고 있는 빠른 변화는 그 자체가 4차 산업혁명이다. 기존의 1차, 2차, 3차 산업혁명과 달리 4차 산업혁명은 눈에 잘 보이지 않지만 변화의 속도 Velocity, 범위와 깊이 Breadth and Depth 그리고 시스템 충격 System Impact 이라는 측면에서 더 빠르고 격렬하며 광범위하다.

10년 전 이스라엘의 역사학자 유발 하라리 Yuval Noah Harari 는 세계적 스테디셀러 《사피엔스》에서 "이제 사회는 끊임없이 변화하는 상태로 존재한다. 현대의 혁명이라고 하면 우리는 1789년프랑스혁명, 1848년유럽 민주화혁명 혹은 1917년러시아혁명을 생각하는 경향이 있지만, 정확히 말하자면 오늘날은 모든 해가 혁명적이다"라고 했다. 만약 하라리가 2011년이 아니라 2023년에 이 책을 썼다면 '모든 해' 대신에 '매일'이라는 표현을 사용해야 했을 것이다.

안 그래도 빠른 변화의 불길에 코로나19 팬데믹이 기름을 부었다. 구글·아마존·페이스북·애플 등 IT 공룡 '빅 4'의 비즈니스 전략 분석으로 유명한 스콧 갤러웨이Scott Galloway 뉴욕대 교수는 그의 저서 《거대한 가속》에서 코로나19 팬데믹이 초래한 가장 결정적인 영향으로 '속도'를 주목했다. 코로나19가 일부 트렌드의 방향을 전환하기도 했지만, 무엇보다 사회에 이미 존재하는 역학 관계를 놀라울 만큼 빠르게 바꾸었고, 이로 인해 개인과 사회, 비즈니스의 모든 추세가 10년 앞당겨졌다는 것이다.

쓰나미처럼 밀려오는 변화의 파도 앞에서 우리의 선택지는 하나밖에 없다. 파도에 올라타서 신나게 앞으로 나아가는 것이다. 4차 산업혁명이 몰고 오는 변화의 파도에 올라타기 위해 준비해야 하는 서핑보드가 바로 데이터이다. 그리고 그 데이터 보드를 타는 능숙한 서퍼가 되는 방법이 디지털 전환DX이다.

전 세계적으로 디지털 전환은 4차 산업혁명 시대 경제·산업 혁신을 위한 필수적인 진화 과정으로 인식되고 있으며, 이에 따라 미국, EU, 일본, 중국 등 세계 주요국은 디지털 전환을 촉진하기 위한 대규모 재정 투자 정책[1]을 활발하게 추진하고 있다. 물론 우리나라도 코로나19 팬데믹으로 인한 급격한 사회적 변화에 대응하고 경기 회복과 신성장 동력 창출을 위한 전략으로 2020년 7월 한국판 뉴딜[2] 정책을 발표하고 막대한 재정 투입이 수반되는 '디지털 뉴딜'과 '그린 뉴딜'을 양대 축으로 하는 경제산업 정책을 추진하기 시작했다.

본격적으로 데이터 경제에 대해 이야기하기 전에 우선 사회 전반에서 다양한 의미로 혼재되어 사용되고 있는 디지털 정보화, 디지털화, 디지털 전환 등의 개념을 정리하고, 각 단계의 디지털 전환이 어떠한 메커니즘으로 세상을 변화시키는지 먼저 살펴보자.

디지털 전환의 개념

디지털 전환DX은 아날로그 상태의 정보를 데이터로 디지털 정보화디지털 변환, Digitization 하고, 디지털 정보화한 데이터와 디지털 기술을 활용해 개인과 집단, 국가와 사회, 경제와 산업의 비즈니스 프로세스, 업무 프로세스를 디지털화Digitalization함으로써 생활과 산업, 사회, 경제를 디지털 세계로 전환하는 개념이다.

디지털 전환은 발전된 디지털 기술을 산업의 모든 측면에 융합하는 동시에 융합된 부분을 초연결Hyper-Connected된 상태로 통합하는 과정을 지칭한다. 4차 산업혁명이 주로 기술 변화에 따른 사회, 경제, 산업 등의 총체적 변화에 초점을 맞추는 것에 비해, 디지털 전환은 주로 비즈니스 측면에서 특정 산업의 경영체 내부 또는 가치사슬 내 연관 경영체 간의 프로세스, 조직, 시스템, 비즈니스 모델 등 혁신적 변화에 초점을 맞춘 개념이라고 할 수 있다.

현재 디지털 전환은 주로 비즈니스 트렌드 측면에서 논의되지만, 2004년에 처음으로 디지털 전환의 개념을 제창한 스웨덴 우메오 대학교의 에리크 스톨터만Erik Stolterman 교수는 "IT의 침투가 사람들의 생활을 모든 면에서 더욱 나은 방향으로 변화시킨다"라는 의미로 이 용어를 제시했다. 그 후 다양한 연구자, 기관, 정부 등에서 디지털 전환을 규정하였는데, 2018년 일본 경제산업성이 발표한 'DX 리포트'에서는 기존 시스템의 블랙박스 해소와 데이터 활용의 실현을 이루지 못하면 2025년 이후 연간 최대 12

조 엔의 경제적 손실이 발생할 것이라고 전망하였다. 이것이 바로 '2025년의 벼랑'이라고 불리는 마일스톤이며, 이에 따라 국가적 차원에서 급속하게 DX를 추진해야 한다고 주장하였다.

넓은 의미의 디지털 전환은 1990년대 말 인터넷이 특정 영역에서 사회 전반으로 확대되면서 본격화하기 시작하였다. 1단계라고 할 수 있는 데이터또는 콘텐츠의 디지털 정보화Digitization는 초기 컴퓨터가 등장한 1970년대부터 나타났으며 1990년대에 본격화했다. 정보통신기술이 발달하기 시작하면서 기존의 아날로그 콘텐츠를 디지털 콘텐츠로 전환하는 것뿐만 아니라, 디지털 디바이스를 통해 데이터 생성 단계부터 디지털 데이터를 생산하는 방식으로 진화하기 시작하였다.

1단계의 디지털 정보화Digitization가 콘텐츠의 형태를 디지털로 바꾸는 것을 의미한다면 2단계의 디지털화Digitalization는 디지털 정보화된 데이터와 디지털 기술을 활용하여 업무 프로세스를 디지털화하는 것으로 의미가 확대되었다. 과거 장부를 통해 관리하던 거래처와 판매장부를 ERP나 POS 단말기를 활용해 더욱 효율적으로 관리하는 것 등을 예로 들 수 있다. 다만 디지털화Digitalization는 디지털 정보와 기술을 활용하여 기존의 업무 방식 또는 사업 모델을 좀 더 효율적으로 바꾸는 것까지를 의미하며, 사업 모델

디지털 전환 단계

1단계	2단계	3단계
디지털 정보화 Digitization	**디지털화** Digitalization	**디지털 전환** Digital Transformation
기존 아날로그 형태로 존재하던 정보를 디지털 정보로 전환하여 데이터베이스를 구축하는 단계	디지털 정보와 기술을 활용해 기존 업무 방식, 프로세스, 운영 방식을 스마트하게 혁신하는 단계	디지털 역량을 활용해 새로운 상호 작용, 사업 모델 및 가치를 창출하는 단계

자체를 변화시키는 것을 의미하지는 않는다.

디지털 전환DX은 전술한 1단계 디지털 정보화Digitization와 2단계 디지털화Digitalization에 더해 비즈니스 모델 자체의 변화까지 포함하는 포괄적 개념이다. 전 단계가 전제되어야만 다음 단계의 추진이 가능하기 때문에 일반적인 경우 단계적으로 이루어지지만, 두 단계 또는 세 단계가 동시에 일어나는 압축적인 방식도 가능하다. 이 내용을 도식화하면 위와 같다.

3단계의 디지털 전환은 태엽이 맞물려 돌아가듯이 유기적으로 결합된다. 물론 첫 번째 태엽이 먼저 돌아가지 않으면 나머지 태엽은 작동할 수 없다.

이 책의 독자들이 농업에 관심이 많을 거라 예상되기 때문에 가장 많은 거래가 일어나는 오프라인 농산물 유통 플랫폼인 농산물 공영 도매시장의 경우를 예로 들어 디지털 전환 단계를 설명하고자 한다.

현재 농산물 도매시장에 출하하는 모든 출하주는 출하할 농산물에 대한 정보를 종이 송품장에 기입하여 상품과 함께 도매시장으로 보낸다. 상품을 위탁받은 도매법인은 송품장에 있는 정보를 전산에 입력하여 원표를 생성하고 경매를 진행한다. (출하주가 표준코드를 사용하지 않는 경우, 도매법인의 경매 시스템에 최신 표준코드가 반영되지 않은 경우, 원표 생성에 드는 비용을 최소화하려 비전문인력을 활용해 단순 입력 처리를 하다 오류가 발생하는 경우 등으로 데이터 생성 단계에서 품질 저하가 다수 발생하는 등 문제점이 드러나고 있다.) 경매가 끝나면 출하주에게 전화나 문자 등으로 결과를 알려준다. 그리고 당일의 모든 경락 정보를 취합하여 한국 농산물 유통의 가장 중요한 시세 데이터로 활용한다.

이 프로세스를 디지털 전환하는 경우를 고려해보자.

종이 송품장을 전자 송품장으로 전환하는 것은 1단계 디지털 정보화Digitization에 해당한다고 할 수 있다. 1단계 디지털 정보화에도 다양한 대안이 존재한다. 가장 단순한 방법은 각 도매시장의 홈페이지에 접속하여 표준 전자 송품장에 출하 정보를 입력하는 것이다. 만약 사용자의 편의성을 고려한다면 출하주 전용 애플리케이션을 구축하여 거래하는 도매시장별 도매법인에 대한 지난 출하 정보와 경락 가격 등을 살펴보고 출하 수량 등 변경 사항만 수정하여 전자 송품장을 등록하도록 하는 방식을 선택할 수도 있다.

만약 종이 송품장을 전자 송품장으로 전환하면서 이를 활용해 출하 예고제 방식을 적용하게 되면 2단계 디지털화Digitalization가 일어났다고 볼 수 있다. 출하 예고제까지 성공적으로 정착되면 출하주들은 시장별, 도매법인별, 시간대별 출하 예고 물량 추이패턴를 보면서 당일 출하량과 출하 도매시장을 결정할 수 있게 된다. 물론 데이터가 축적되면 빅데이터 분석을 통해 인공지능AI이 출하 의사결정을 지원해줄 수도 있다.

여기서 한 걸음 더 나아가 산지에서 미래에 출하할 농산물을 전자 송품장으로 출하 예고하고, 소비지유통에서 이를 예약·선물 거래하여 미리 거래조건이 체결된 적시, 적량, 적품, 적가의 농산물이 도매시장을 통해 더 효율적으로 유통되도록 한다면 이는 1·2·3단계의 디지털 전환이 모두 이루어진 상황이라

디지털 전환에 대한 여러 관점

디지털 전환은 전환되는 내용(정보 형태, 업무 처리 방식, 비즈니스 모델 등)에 따라서도 여러 단계로 분류할 수 있지만, 원인과 목적 그리고 효과를 바라보는 관점에 따라서도 여러 가지로 정의할 수 있다. 디지털 전환의 개념을 생성해내고 있는 대표적 기관들의 관점을 요약한 것이 아래 표이다.

연구기관	디지털 전환에 대한 관점
세계경제포럼 (WEF)	• IT의 혁신적 힘은 결합 효과(combinational effects)에 있음. • 결합의 효과로 변화의 진행이 기하급수적으로 가속화해 체계화할 만한 가치가 있는 임계치에 단시간 내에 도달함. • 정보통신기술이 그 기술을 사용하는 비즈니스 모델에 변화를 불러일으킴(기술 자체의 강화 효과).
IBM	• 소비자는 이제 모든 산업에서 디지털 전환을 주도하는 핵심 동력이 되었음. • 정보통신기술의 발전과 확산이 일상생활의 편의성을 높여주는 동시에 소비자에게로의 권한이양(empowerment)을 촉진하는 데서 현대 디지털 전환의 근원이 있음. • IBM의 분석에 따르면 디지털 혁신은 궁극적으로 소비자와 서비스를 연결해 혁신적인 융합 모델을 만들어내는 방향으로 비즈니스 모델 자체를 바꿈.
캡제미니 (Capgemini)	• 디지털 전환을 "기술을 이용해 기업의 성과 또는 도달 범위를 급진적으로 개선하는 것"이라고 정의함. • 디지털 전환이라는 모호한 개념을 고객 경험, 운용 프로세스, 비즈니스 모델이라는 3개의 기둥으로 분석함. • 디지털 전환은 비즈니스의 고객 관계와 내부 프로세스 또는 비즈니스 모델에 디지털 기술을 융합하여 영향을 미치는 것임.

고 볼 수 있다.

디지털 전환은 왜
새로운 미래의 패러다임이 되었을까

디지털 전환은 결국 정보 Information 를 생성, 수집, 분석, 활용하는 문제로 귀결된다. 전통적인 경제학에서는 유의미한 '정보'를 획득하기 위한 비용과 획득한 정보를 활용하여 얻을 수 있는 경제적 효과라는 측면에서 정보의 문제를 다루어왔다. 로널드 코스 Ronald H. Coase[3]가 제시하고 올리버 윌리엄슨 Oliver E. Williamson[4]이 신제도학파 이론으로 발전시킨 거래비용의 개념은 비대칭 정보의 문제와 그 해결 방안을 주요 연구 대상으로 하였다. 그러나 다양한 경제 주체들이 정보를 수집하고 분석하는 이유는 비대칭 정보 상황에서 거래비용을 줄이기 위한 목적에만 국한된 것이 아니다. 오히려 시장의 변화를 파악하고 예측하여 경쟁력을 확보하기 위한 사업 전략을 지속적으로 개선 Pivoting 하는 데 더 큰 목적이 있다고 할 수 있다.

정보를 수집하고 필요한 형태로 가공하고 분석하는 데는 필연적으로 비용이 발생한다. 이 때문에 의사결정을 내리는 데 필요한 모든 정보가 수집되는 것은 아니다. 정보는 보유했을 때 추정되는 활용가치의 기대치가 정보비용을 초과하는 경우에만 합리적 경제 주체에 의해 수집된다. 따라서 누가 어떤 정보를 생성하고 수집할 것인가는 이러한 의사결정의 결과라고 할 수 있으며, 이 의사결정을 상이한 정보 출처에 적용할 경우 한 산업 내에서 정보의 흐름을 처리하는 협업구조가 결정된다.[5] 이른바 정보의 가치사슬이다.

2009년 노벨경제학상 수상자인 올리버 윌리엄슨Oliver Williamson은 정보비용을 '제한된 합리성bounded rationality'에 포함시키고 있다. 그의 견해에 따르면 제한된 합리적 행동은 사람들이 복잡한 의사결정 문제에 비합리적으로 대응하는 것이 아니라 정보비용을 기준으로 판단하여 합리적으로 대응하는 것으로 이해된다. 즉 의사결정을 위한 정보비용이 많이 소요되는 경우에는 오류가 발생할 위험이 있더라도 정보비용을 절약하는 것이 합리적이기 때문에 제한된 합리성을 선택하는 반면, 상대적으로 정보비용이 적게 소요될 때는 좀 더 많은 정보를 활용함으로써 제한된 합리성의 여지를 감소시킨다는 것이다.

또한 의사결정론 관점에서 경제적 정보의 문제에 관해 연구한 제이컵 마르샥Jacob Marschak[6]의 주장에 따르면, 보다 나은 정보를 입수하게 되면 개개인의 의사결정과 여러 개인들의 의사결정을 조정하는 일이 더욱 양호하게 이루어지며, 사회적으로 자원을 좀 더 효율적으로 활용할 수 있어 사회후생이 증가한다.

상기한 연구들은 한 사회의 경제 제도가 의사결정의 책임과 성과를 배분하고 효율적 정보의 흐름을 조직화하기 위한 메커니즘이라는 공통된 인식을 배경으로 하고 있다. 이들은 또한 특정한 시점에서 현존하는 경제 구조가 경제 주체들의 활동과 가치사슬을 결합하는 핵심 자원인 정보 획득과 전달 메커니즘의 비용을 절약하려는 사회적 필요에 따른 합리적 대응이라고 해석한다.

따라서 정보의 생성, 수집, 분석, 활용에 소요되는 정보비용이 변화하면 산업의 구조도 변화할 수밖에 없다. 정보통신기술이 급격히 발전함에 따라 정보비용이 과거와는 비교할 수 없을 정도로 현저히 줄어들었을 뿐만 아니라 생성·수집·분석 가능한 정보의 양과 활용 영역이 폭발적으로 증가하고 있다. 이에 대응하는 경제 구조의 변화가 '데이터 경제'의 도래이며, 그 방법이 '디지털 전환'이다. 당연히 이러한 변화는 고도의 경제 발전을 추동하게 될 것이다.[7]

디지털 전환의
메커니즘

1990년대 말부터 정보통신기술이 빠르게 발전하는 동시에 경제 성장 둔화에 따른 성장 동력을 창출하고 인구 고령화 등의 사회적 요인에 대응하고자 소위 디지털 산업 혁신 이론이 등장했다. 이는 주요 선진국을 중심으로 ICT에 대한 투자가 한 사회와 산업의 생산성에 어떠한 영향을 미치는지를 경험적 연구를 통해서 규명해내는 연구 분야이다.

디지털 산업 혁신 이론의 연구 성과에 따르면 1단계 디지털 정보화Digitization와 2단계 디지털화Digitalization를 포함하는 광의의 디지털 전환은 크게 세 가지 방식으로 한 사회 또는 산업의 생산성에 양+의 효과를 미친다.

첫째, 성장회계growth accounting를 통한 생산성 증대이다. 이는 주로 기술 발전에 따라 ICT의 가격이 급격히 낮아짐에 따라 적용 영역이 증가하면서 발생하는 생산성 증대를 의미한다.

둘째, 보완적인 자본complementary capital 투자의 촉발[8] 효과이다. 주로 2단계 디지털화Digitalization와 연관된 효과로, 생산 공정 및 운영 효율화, 지적 자산 축적 등에 기인한다.

셋째, 협의의 디지털 전환이 불러오는 효과로서, 산업 생태계의 혁신 내용과 과정 자체를 변화, 혁신시키는 것이다. 범용 기술화된 ICT가 산업계 전반에 융합되어 비즈니스 모델과 프로세스의 혁신을 만들어내는 동시에 혁신 활동 자체를 변화시키게 된다.

한편 산업 현장에서 나타나는 디지털 전환은 더 나은 의사 결정을 위한 데이터 활용, 자동화를 통한 비용 절감, 전체 가치사슬의 연결성 강화와 혁신 주기 단축, 디지털 고객 접근성 강화 등 크게 네 가지 유형의 경로로 나타난다.[9]

데이터 경제 시대의
도래

디지털 전환에서 데이터는 가장 중요한 자원New Capital이자 촉매의 역할을 수행하므로 방대한 데이터의 생산과 제약 없는 접근, 원활한 활용이 한 국가의 경쟁우위를 만들어내고 신산업과 새로운 부가가치 창출을 통해 경제 성장을 주도하는 핵심 요인으로 주목받고 있다.

이러한 데이터의 중요성을 강조한 개념이 2011년 데이비드 뉴먼David Newman이 제창한 '데이터 경제'[10]이다. 특히 2014년 유럽연합 집행위원회EC의 디지털 싱글 마켓Digital Single Market[11] 전략에 데이터 주도 경제가 제시되면서 세계의 관심이 집중되었다.

세계 주요국은 데이터 경제 시대를 선도하기 위해 범국가적 차원에서 데이터의 생산·수집·분석·활용을 위한 종합적인 대책을 마련해 추진하고 있다. 또한 이들 세계 주요국의 데이터 경제 정책은 공통적으로 1단계 추진 전략 수립, 2단계 기반 마련R&D 투자, 데이터 개방 및 협력 체계 구축, 인력 양성, 3단계 데이터 유통·활용 이슈 해결데이터 거래소 구축 등 인프라 확충과 제도 개선 과정을 거친다.

기본적으로 세계 주요국이 추진하는 데이터 경제 활성화는 단순히 데이터 산업의 활성화만 의미하지 않는다. 데이터 경제는 산업, 공공, 사회의 모든 영역에서 데이터가 기반이 되고 촉매 역할을 하는 혁신을 만들어낸다는 의미가 더 강하다. 이러한 맥락에서 미국, EU, 중국, 일본 등은 자국의 강점을 기반으로 데이터 경제 시대의 주도권을 확보하기 위해 적극적인 정책을 펼치고 있다. 대국적인 흐름은 미국과 중국이 한 걸음 앞서나가고 있는 가운데, EU가 힘겨운 추격전[12]을 펼치고 있고, 일본은 뒤처져 따라가는 형국으로 평가된다.

미국의 경우는 정부가 혁신의 뿌리가 되어 원천기술을 개발하고, 세계 최고의 기술력을 가진 글로벌 리더 기업들과 활성화된 벤처투자를 등에 업은 스타트업들이 이를 사업화하여 데이터 경제를 선도하며 글로벌 스탠더드를 장악해나가는 특징을 보이고 있다. 중국의 경우, 정부의 강력한 리더십과 15억 내수 시장의 데이터 파워에 더해 알리바바Alibaba, 텐센트Tencent, 징둥Jingdong 등 IT 공룡 기업들의 적극적인 참여로 후발 주자에서 리딩 국가로 변신하고 있는 모양새다.

세계 농업의
디지털 전환

대전환의 중심에 자리 잡은
데이터

1부에서 전술한 바와 같이 지난 1만여 년간 세계 농업은 보다 많은 투입을 통해 보다 많은 농산물을 생산해내는 'More from More' 방식으로 성장해왔다. 그리고 이러한 방식이 한계에 봉착한 21세기, 인류는 새로운 돌파구를 찾아내고 있다. 바로 보다 적은 투입으로 보다 많은 농산물을 생산해내는 'More from Less' 방식으로의 대전환이다. 사물인터넷, 클라우드, 빅데이터, 인공지능, 모바일 등 4차 산업혁명을 이끌고 있는 발전된 지능정보기술이 농업의 이러한 대전환을 뒷받침해준다.

정밀 농업 Precision Agriculture, 처방 농업 Prescription Agriculture, 스마트 농업 Smart Agriculture, 디지털 농업 Digital Agriculture 등 4차 산업혁명 기반 기술 ICBAM[13]의 도입 목적과 적용 범위에 따라 다양한 이름으로 지칭되는 새로운 농업 방식은 공통적으로 농업의 디지털 전환을 이끌고 있다. 그리고 다른 산업에서와 마찬가지로 그 핵심에는 '데이터'가 자리 잡고 있다.

이하에서는 전 세계 농업 선진국들의 농업 부문 디지털 전환 현황을 개략적으로 살펴보고 한국 농업 디지털 전환에 필요한 시사점을 도출하고자 한다.

미국 정부의 농업 부문 데이터 경제 추진 현황

2021년 2월 19일 미 농무부 최고정보책임자CIO는 '연방 데이터 전략 2020'의 지침에 의거하여 2021-2023 회계연도의 'USDA 데이터 전략 USDA Data Strategy'을 발표하였다.

USDA 데이터 전략에 따르면 미 농무부는 농무부가 수행하는 모든 업무에 고객미국의 농부, 목장주, 국유림 사용자, 농촌 지역사회, 소비자, 무역 파트너, 농산업체 등을 중심에 두고, 사실과 데이터에 기반한 업무 수행으로 연방정부 중에서 가장 유능한 기관이 되는 것을 비전으로 삼는다. 그리고 미 농무부의 비전 달성을 위한 핵심 성공 요인으로서, 변화하는 농업 데이터 환경을 선도하는 것과 농무부가 보유한 데이터를 전략적 자산으로 활용할 역량을 키우는 것을 제시하였다.

USDA 데이터 전략은 "1861년 에이브러햄 링컨 대통령이 그의 첫 의회 연설에서 농업통계국 설립을 제안하고, 농업통계국이 첫 번째 임무로 농업에 관한 유용한 정보와 다양한 통계자료를 담은 연례 보고서를 발행한 이후 데이터는 미 농무부의 역할에서 심장과 같은 위치를 담당해왔다"라면서 농업 데이터의 중요성을 강조했다.

현재 미 농무부는 24개 이상의 산하 기관과 부서에서 수백 개의 애플리케이션과 데이터 저장소를 통해 페타바이트¹⁴ 규모 이상의 데이터를 생성, 수집, 유지, 관리하고 있다. 미 농무부는 이 방대한 데이터 자산을 미 농무부 자원의 효율적인 운용과 내부 의사결정 개선을 위해 전략적으로 활용한다. 또한 공공 및 민간 산업이 이러한 데이터에 쉽고 편리하게 접근할 수 있도록 함으로써 국가의 문제를 해결하고 혁신을 촉진한다.

향후 3년간 추진될 USDA 데이터 전략은 다음과 같은 4개의 목표로 구성된다.

1) 데이터 거버넌스와 데이터 리더십을 강화하여 데이터 및 분석 개발, 인프라, 도구에 대한 전략적 접근을 가능하게 한다.

2) 데이터 관리 및 분석 스킬을 확보하기 위해 필요한 인력을 모집, 유지 및 재교육함으로써 강력한 데이터 기반 환경을 조성한다.

3) 공통 데이터 및 분석 플랫폼을 구축하고 사용하여, 데이터 공유, 액세스 및 활용으로 혁신을 추진한다.

4) 오픈 데이터로 고객과 주주 및 대중에게 깊은 통찰력, 가치, 투명성을 제공하기 위해 효과적인 데이터 공유를 지원하고 촉진한다.

이러한 전략 목표의 실행 방안 중 하나로 USDA는 클라우드 현대화 프로그램 Cloud Modernization Program 을 추진하고 있다. 이 프로그램은 데이터 분석 방식을 좀 더 고도화하고 기존 데이터 접근 방식도 개선하기 위한 것이다.

USDA 데이터 전략과 함께 미국 농업의 지속적인 발전을 위한 또 하나의 전략이 바로 'USDA 과학 청사진: 농업인, 소비자, 환경을 위한 해법으로서의 농업 혁신'으로, 2025년까지의 농업 분야 과학기술 로드맵이다. 이 계획의 실행 전략이 농업 혁신 의제Agriculture Innovation Agenda, AIA인데, 데이터 경제의 진전과 과학기술의 발전이 농식품 산업의 실질적인 이익으로 연결되도록 돕는 것을 강조하고 있다.

미 농무부가 AIA를 통해 달성하고자 하는 목표는 농업 생산성을 증대하는 동시에 환경에 대한 부정적 영향을 감소시키는 것이다. 구체적인 내용은 다음과 같다.[15]

AIA의 달성 목표

의제	달성 목표
① 농업 생산성 증대	미래에 증가할 식품 수요 충족 2050년까지 농업 생산성을 40% 증대
② 음식 쓰레기 감소	미국 내 음식쓰레기 배출량을 2030년까지 2010년 대비 50% 수준으로 감소
③ 탄소 및 온실가스 배출 감소	토지 및 숲을 통해 탄소 배출 감소 효과 증대 혁신기술을 통해 농업 분야 탄소 배출 감소
④ 수질 관리	수자원 내 영양 손실을 2050년까지 30% 감소
⑤ 재생에너지	에탄올을 포함한 재생에너지에 대한 지원 증가 가솔린에 대한 에탄올 혼합비율을 2030년까지 15%로 확대

미국 농업 부문 민간 영역 데이터 경제 현황

다수의 미국 민간 기업_{다국적 기업 포함}은 전 세계의 정밀 농업 및 처방 농업, 디지털 농업 기술을 선도하고 있다. 여기에는 규모화된 농가들과 세계 최대 식량 수출국인 미국 시장이 배경이라는 점도 작용하지만, 국립 기상 서비스 및 농무부의 데이터 개방 등 미 정부의 정책 지원도 큰 역할을 했다고 평가된다. 빅데이터, 인공지능, 클라우드, IoT 등 지능정보기술을 활용하여 다양한 스마트 농업 서비스를 제공하는 미국의 어그테크 AgTech, Agriculture + Technology 기업에는 여러 가지 유형이 있으며, 지속적으로 혁신 경쟁을 펼치며 증가·발전하는 중이다.

클라이밋 코퍼레이션 Climate Corporation, 온팜 on Farm처럼 높은 가치를 인정받아 세계적 기업들의 자회사로 인수된 경우와 투자 유치를 통한 사업화에 성공하여 유니콘기업으로 성장한 플래닛 랩스 Planet labs와 같은 스타트업의 사례도 적지 않다. 플래닛 랩스는 수백 개의 초소형 위성을 활용하여 하루 120만 개 이상의 이미지를 생성하고, 머신러닝을 통해 대규모 농장의 작물 생장과 기상 변화 예측 정보 등을 제공하는 회사로 2021년 7월 나스닥에 상장되었다.

한편 전통적인 제조업에서 어그테크를 활용하는 영역으로 사업 분야를 확장한 사례도 있다. 가장 대표적인 것이 미국 최대 농기계업체인 존디어John Deere 이다. 현재는 나브콤, 블루리버 테크놀로지 등을 인수해 GPS와 영상을 이용한 자율주행 트랙터를 출시하는 스마트 농업의 선두 기업 중 하나로 변신한 존디어는 1837년 쟁기를 파는 회사로 시작했다. 또 다른 미국 농기계 제조업체인 트림블Trimble 도 스마트 농업용 하드웨어 개발과 소프트웨어 서비스를 제공하는 어그테크 회사로 변신했다.

시가 총액 세계 2위인 마이크로소프트MS 와 3위인 알파벳구글의 모기업 같은 공룡 IT 기업들도 어그테크 개발에 참여하거나 투자한다. MS는 2050년까지 전 세계 식품 생산량을 70퍼센트 늘리겠다는 목표로 2015년 애저 팜비트Azure FarmBeats 라는 농업 프로젝트를 시작했다. MS가 개발한 클라우드와 인공지능을 활용해 농장 정보를 수집 및 분석하고 스마트 농업 솔루션이 탑재된 앱으로 트랙터와 드론을 조종해 농사를 짓는다. 구글 모기업 알파벳 산하의 투자회사 구글벤처스는 2017년, 농장관리 및 지능경영 서비스 플랫폼 업체인 FBNFarmers Business Network 에 1,500만 달러를 투자했다.

이번 챕터의 목적은 세계 주요국의 국가 단위 농업 부문 디지털 전환 추진 정책을 살펴보고 시사점을 도출하는 데 있으므로 이미 다수의 국내 연구에 보고된 바 있는 민간 기업의 사례에 대한 자세한 언급은 가급적 배제하려고 하였다. 그럼에도 불구하고 FBN의 경우는 향후 우리나라 농업 부문 데이터 플랫폼 구축 방향을 수립하는 데 시사점이 많은 사례라고 판단하여 다루고자 한다.

통상적으로 농장관리/지능경영 서비스로 분류되는 동종 서비스 중에서 가장 널리 알려진 클라이밋 코퍼레이션과 비교하여 FBN이 보이는 가장 큰 차이는 서비스의 가치를 창출하는 작동 원리가 무엇이냐는 물음과 연관되어 있다.

먼저 클라이밋 코퍼레이션의 캐치프레이즈는 "Better Data, Better Decision"이다. 즉 클라이밋 코퍼레이션이 확보하고 있는 방대한 데이터가 더 좋은 처방 서비스를 창출한다는 뜻이다. 농장주는 클라이밋 코퍼레이션이 제공하는 필드 뷰Field View 플랫폼에 본인 농장의 센서 및 농기계가 발생시키는 데이터를 제공하고 분석 서비스를 제공받는다. 이에 반해 FBN의 캐치프레이즈는 "Your Data + Network Analytics = Better Decision"이다. 즉 가치 발생의 원천이 서비스 제공자가 가진 방대한 데이터에서 사용자의 데이터와 네트워크 분석으로 대체된 것이다.

이것이 의미하는 작동 원리의 차이가 무엇이며, 어떠한 함의를 가지는지 설명하기 위해 먼저 FBN에 대해 대략적으로 살펴보겠다.

2014년 FBN을 설립한 찰스 배런Charles Baron은 원래 구글의 프로그램 리더였다. (공교롭게도 2006년 클라이밋 코퍼레이션을 설립한 데이비드 프리드버그David Friedberg와 시라지 칼리크Siraj Khaliq 역시 구글 출신 엔지니어였다.) 찰스 배런은 네브래스카주에서 옥수수와 밀 농장을 운영하는 처남을 통해 농장 경영의 불편 사항과 문제점을 듣고 사업 기회를 포착했다.

농장을 경영하기 위해서는 날씨, 농장의 토양 상태 등 많은 정보가 필요하지만, 정작 농장주가 원하는 정보를 얻기가 쉽지 않으며, 정보 부족 현상 탓에 같은 시간과 노력을 투자해도 농장들의 생산량은 균일하지 않았다. 또 농업의 특성상 농사가 한 번 진행되는 데는 약 1년의 기간이 필요하기에 비숙련 농장주의 경우 빠른 습득이 쉽지 않다는 것도 해결해야 하는 문제였다.

FBN은 ICT 발전에 따라 많은 농장주가 드론과 위성 이미지, 현장 센서 등 값비싼 데이터 수집 도구와 분석 서비스를 사용했지만 투자에 걸맞은 성과를 얻지 못하는 점에 주목하였다. 농장주들의 데이터 처리 및 분석 능력이 부족한 것도 하나의 원인이었지만 견고한 결론을 도출하기에는 개별 농가가 확보한 데이터 크기가 너무 작다는 것이 더욱 중요한 문제였다.

FBN의 초기 기획 단계에서 배런은 농부들이 수천 년 동안 서로에게 조언을 해주면서 농업을 발전시켜왔다는 사실에 착안하여 플랫폼의 기본 구조를 네트워킹 형태로 설계하였다. 즉 농장 간 정보를 공유할 수 있는 플랫폼을 만들어 농업에 관심이 있는 초심자에서부터 숙련된 농장주까지, 필요한 정보를 공유하고 매칭해주는 서비스를 제공한 것이다. 플랫폼에 가입한 농장주가 자신의 농장 데이터를 익명화된 수집용 데이터 세트에 업로드하면, FBN은 집계된 데이터를 분석하여 개별 농장에 맞는 포괄적인 분석 및 보고서, 맵핑 서비스를 제공했다. 또한 제공되는 정보의 품질과 가치를 높이기 위해 관심사나 업종이 유사한 숙련 농부들로 구성된 팀의 데이터를 농업 전문가가 직접 분석, 관리하여 정보를 공유하도록 보완하였다.

계약상 업로드된 농장주의 데이터 소유권은 제공자에게 있으며, 이러한 계약이 존중되고 이행이 강제되는 미국의 제도적 환경과 "농부에 의해, 농부를 위해by farmers, for farmers"라는 기업철학이 기존 사회적 규범과 결합하여 정당성을 강화하고 데이터 제공에 대한 거부감을 불식시키기도 했다.

FBN은 창립 첫해인 2014년 약 4백만 에이커16,187㎢의 농지를 관리하는 네트워크로 성장하였으며, 2016년 서비스 가입 면적이 32개 주에 걸쳐 9백만 에이커36,421㎢를 넘어섰다. 이후 지속 성장세를 보이며 2018년에는 생산된 농산물 유통과 관련하여 아마존과 파트너십까지 체결하였다.

FBN은 초기의 농민 네트워크Cummunity 모델을 지속적으로 발전시켜가고 있으며, 농부들끼리 경영 일지를 공유하면서 더욱 원활하게 소통할 수 있도록 FBN 다이렉트 서비스를 새로 선보이며 소셜 플랫폼 기능도 강화하는 중이다. FBN은 정보 조직화와 공유 네트워크 수준에서 시작하여 피보팅[16]을 지속하면서 새로운 형태의 종합 플랫폼으로 진화하고 있다고 평가받는다.

농부들이 토양에 적합한 씨앗을 찾기 힘들어하는 문제를 해결하기 위해 2015년 3월 추가된 FBN 시드 파인더seed finder 서비스의 예를 살펴보자. 미국의 경우 씨앗은 전문으로 취급하는 회사가 따로 있고, 공급사마다 씨앗의 종류도 천차만별이다. 토양의 성질에 따라 적합한 씨앗 정보도 전부 다르다. 공급사로부터 씨앗에 대한 정보를 제공받는다 하더라도 일반적인 정보라는 한계가 있어 주변의 비전문적인 조언이나 직관에 의해 씨앗을 선택할 수밖에 없다. 이에 따라 농부들이 자신만의 농법을 터득하기 전까지는 낮은 생산성과 들쑥날쑥한 생산량을 감수해야만 했다. FBN 시드 파인더는 플랫폼에 축적된 다른 농부들의 기록과 비교해 해당 농장과 유사한 토양 및 조건을 찾아 적합한 씨앗을 추천하고, 농장 환경에 커스터마이즈된 맞춤형 영농 관리 콘텐츠를 제공하는 방식으로 문제를 해결했다.

서비스 가치 창출의 원천인 데이터를 수집하고 활용하는 FBN의 방식은 최근 다양한 산업 영역에서 주목받고 있는 가치 공동 창출 모델Value Co-Creation Model, 이하 VCC 모델과 정확히 일치한다.[17] VCC 모델에는 고객사용자의 영역, 공급자의 영역, 공통 영역이 존재한다. 이 모델에서 고객은 독립적으로 원천 가치데이터를 창출하는 주체이며 공통 영역에 이를 제공한다. 공급자는 가치 조력자facilitator로서 고객이 제공한 원천 가치를 가공하여 실제 사용 가치로 전환하는 역할을 한다.

FBN의 서비스 메커니즘에서 개별 농장주들은 원천 가치인 데이터를 독립적으로 생성하지만, 데이터의 크기와 가공 및 분석 능력이 부족해 실제 사용 가치를 획득할 수 없다. 농장주들이 자신들의 데이터를 업로드하면 FBN은 업로드된 농장 데이터를 정제하여 집계하고 분석을 실시한다. 결과적으로 이전에는 쓸데없던 데이터가 각각의 농장주에게 가치 있는 정보로 변화하게 된다. 즉 공급자FBN가 가치 조력자로 합류하여 직접적인 상호 작용을 통해 가치를 창출하며, 가치를 획득한 맞춤식 데이터가 원천 데이터 제공자에게 회송되는 것이다.

FBN의 사례는 향후 한국의 농업 부문 데이터 플랫폼 구축 방향 설정에 몇 가지 시사점을 제공한다.

먼저 개별 농가 데이터의 소유권과 공유, 데이터 거버넌스 측면의 문제이다. 농업 빅데이터의 유용성에 대해서는 이미 대다수 농업 이해 당사자도 인지하고 있지만, 여기서는 보호해야 할 노하우나 영업 기밀특히 유통 데이터의 경우 관련 이슈, 그리고 주로 서드파티Third-Party 소프트웨어 서비스에 의해 수집·가공되는 농업 데이터를 누가 제어하고 가치를 창출하며 이익을 향유할 것인가의 문제사용자들의 활동 결과를 사적으로 전유한다는 측면에서 발생하는 '플랫폼 지대'[18]의 문제라고 할 수 있다.

이러한 문제는 이미 OECD 등 주요국에서 계속해서 중요한 이슈로 제기[19]되고 있다. 농업 데이터의 공유·접근·사용 등과 관련하여 현존하는 법적 프레임워크는 계약Contract과 데이터 라이선스이다. 또 한 가지 대안으로 부상하고 있는 것은 데이터 협동조합 방안인데, 이는 아직까지 연구 단계에 머물러 있으며 벤치마킹할 성공 사례가 나오지 않고 있다.

일본의 경우, 2019년 4월 농업 분야의 데이터 플랫폼인 WAGRI[20]를 출범하면서 먼저 '농업 분야의 데이터 계약 가이드라인'2019년 2월을 수립하였다. 시스템적으로 공공 데이터와 사적 데이터를 분류하여 사적 데이터의 경우는 WAGRI 운영자도 확인할 수 없는 형태로 안전하게 관리할 수 있는 영역에 저장하도록 하였고, 데이터 제공자가 이 데이터의 공개 범위와 대상을 스스로 설정할 수 있는 구조를 구축하였다. 단, WAGRI는 데이터 플랫폼이고 개별 농장주에게 농장관리/지능경영 서비스를 제공하는 것이 아니라는 차이가 있다.

두 번째는 한국의 농업 부문 데이터 플랫폼이 사용자와 플랫폼 간, 또는 플랫폼 사용자 간의 활발한 상호 작용을 통해 데이터의 임계 규모Critical Mass를 달성하고 지속 가능한 성장의 단계로 진화할 수 있는 추진 방향이냐 하는 문제이다.

잘 알려진 바와 같이 클라이밋 코퍼레이션의 경우, 유료 서비스 농지 면적은 2016년 560만 헥타르에서 2017년 1,010만 헥타르로 증가하여 이미 남한 전체의 면적 1,004만 1,259헥타르를 넘어섰다. 그럼에도 불구하고 클라이밋 코퍼레이션에서는 아직 충분한 서비스 면적을 확보하지 못하여 빅데이터의 품질에 한계가 있지만 2025년경 1억 6천만 헥타르 정도의 서비스 면적을 확보하게 되면 더욱 고품질의 서비스를 제공하게 될 것이라고 주장한다.

이러한 맥락에서 볼 때, 먼저 방대한 데이터를 확보하고 이를 기반으로 농업 분야 지능정보 서비스를 제공하는 데이터 플랫폼 추진 방식은 문제를 드러낸다. 플랫폼에서 수집·정제·제공하게 될 두 가지 데이터군群 중 첫 번째인 개방형 공공 데이터 부문은 가능할지 모르지만, 두 번째 데이터군인 사용자들의 현장 데이터와 플랫폼에서 제공된 데이터가 상호 작용을 하며 발생시키는 사용 데이터 부문에서는 한계를 가질 수밖에 없는 것이다.

기본적으로 데이터를 활용한 의사결정과 업무 효율화 등의 지능정보화는 발전된 정보 시스템 도입에 의해서 가치가 창출되는 영역이 아니라 다수 사용자의 참여와 활용이 가치를 창출value in use하는 영역이다.[21] 그래서 일반적으로 분야와 무관하게 플랫폼의 가치와 경쟁력은 양면 네트워크 효과Two-side Network effect[22]의 크기로 평가된다. 플랫폼 이용자가 늘어나면 생산되는 콘텐츠나 상호 교류로 인한 정보의 누적, 트래픽 주목도가 기하급수적으로 증대되고, 이는 다시 그것을 활용하려는 이용자들을 확대하여 시장 지배력을 강화한다는 것이다.

물론 정부가 추진하고자 하는 플랫폼은 농업 부문 데이터 플랫폼이지 농업 지능경영 서비스 플랫폼Software as a Service, SaaS은 아닐

것이므로 전체 사용자와의 상호 작용이 플랫폼 내에서 직접 발생할 필요는 없다. 데이터 플랫폼Infra as a Service, IaaS 을 기반으로 창출된 다양한 민관 서비스 시스템이 각각의 서비스 영역에서 사용자들과 활발한 상호 작용을 일으키면 된다.

　다만 각각의 서비스 시스템이 사용자들과의 상호 작용을 통해서 발생시키는 방대한 데이터를 어떻게 농업 부문 데이터 플랫폼Platform as a Service, PaaS에 공유하게 만들고, 이를 통해 다시 다양한 민관 서비스 시스템이 새로운 서비스 창출의 기반이 되는 데이터 선순환 체계 또는 에코시스템을 만들 수 있느냐 하는 전략이 중요하다. FBN은 농장주들을 가치 공동 창출자Value Co-Creator로 받아들이고 그들과의 호혜적 협력 방안을 창출해 성공한 대표적인 사례인 만큼 후발 주자인 우리에게 시사점이 크다.

EU의 농업 부문 데이터 경제 추진 현황

2019년 4월, EU는 '유럽 농업·농촌을 위한 스마트하고 지속 가능한 디지털 미래'를 데이터 경제 시대의 농업·농촌 의제로 채택[23]하였다. 과거의 생산성 향상 중심 농업 성장 전략에서 지속 가능성 중심으로의 전환을 강조하는 정책 방향 변화이다. 또한 식량 수요 확대, 기후변화, 환경오염 등 농업·농촌의 지속 가능성을 위협하는 많은 기후·환경적 도전에 대응하기 위한 최적의 대안으로서 데이터 기반의 디지털 농업에도 주목하고 있다.

'보다 스마트하고 지속 가능하며 포괄적이 되기 위한 혁신'이라는 EU 2020 성장 전략과 함께 EU는 모든 EU 국가가 시민들에게 더 경쟁력 있는 경제, 더 많은 일자리, 더 나은 삶의 질을 제공할 수 있도록 돕는 것을 목표로 하는 혁신 연합 Innovation Union 을 출범했다.

농업 부문의 혁신 성장을 담당하는 '농업 생산성 및 지속 가능성을 위한 유럽 혁신 파트너십 EIP-AGRI'[24]은 '유럽 혁신 파트너십 EIP' 5개 영역 중 하나로 2012년 출범했다. EIP-AGRI는 EU 전체에서 농부, 고문, 연구원, 기업, NGO 등 농업 및 임업의 혁신 행위자를 한데 모아 EIP 네트워크를 형성하였다.

각각의 혁신 파트너십은 개별적인 목표를 설정하는데 EIP-AGRI가 설정한 목표[25]는 'More from Less'이다.[26] EIP-AGRI는 특정 주체, 예를 들어 농부, 고문, 연구원, 기업 등을 모아 특정 문제에 대한 솔루션을 찾거나 구체적인 기회를 개발하기 위해 다중 주체 프로젝트에서 함께 일하는 '대화형 혁신 모델'을 고수하며, 이러한 접근 방식이 혁신을 촉진하게 된다.

EIP-AGRI에서 추진되는 협력 프로젝트는 다음과 같이 크게 네 가지 혁신 활동 유형으로 분류된다.[27]

① 연구 혁신 활동 Research and Innovation Actions, RIA

② 혁신 활동 IA, Innovation Actions

③ 중개·지원활동 Coordination and Support Actions, CSA

④ 실행 그룹 Operation Group, OG [28]

EU는 호라이즌 2020 Horizon 2020 [29]의 계획 기간에 농업, 임업 및 농촌 개발에 관련된 약 180개의 다중 주체 프로젝트에 약 10억 유로의 자금을 지원하여 120개 이상의 프로젝트를 진행했다. 연구 및 혁신을 위한 EU의 프레임워크 프로그램이 자금을 지원하는 모든 프로젝트와 그 결과에 관한 정보를 제공하는 EU 집행위원회의 공공저장소 및 포털이 CORDIS Community Research and Development Information Service [30]이다. EU 집행위는 CORDIS를 통해 각각의 프로젝트 R&D 결과를 역내 연구기관 및 현장 전문가들에게 신속하게 개방하여 협업 연구를 활성화하고 유럽 전역에서 연구 성과가 상용화되는 것을 촉진하는 역할을 수행한다.

한편 세계 농식품 수출 2위이자 농업과학기술 강국으로 알려진 네덜란드를 비롯해 독일, 프랑스, 덴마크 등 유럽 농업 선진국들은 EU 차원의 국제 협력 연구와 별개로 자체적인 농업 기술 R&D에 투자를 지속해왔다.

노지원예 관련 디지털 농업 기술 분야에서는 미국이 선두이지만 온실원예 부문만큼은 네덜란드가 선도국으로 평가받는다. 네덜란드에는 온실 자재 및 제어 관련 모듈 부문의 글로벌 리딩 기업 프리바Priva, 환경 제어 솔루션 분야에서 독보적인 위치를 점하고 있는 호겐도른Hoogendoorn 등 정밀 재배에 강점을 가진 기업이 다수 있다. 네덜란드 정부는 이들 기업과 함께 딸기나 파프리카 등 다양한 온실 작물의 생육 데이터를 장기간 축적하여 공유 플랫폼에 빅데이터화함으로써 맞춤형 처방 농업이 가능한 시스템을 발전시켜왔으며, 이 빅데이터가 네덜란드 국가 경쟁력의 굳건한 기반이 되어주고 있다.

네덜란드 농업 빅데이터 플랫폼은 와게닝겐 대학교 연구센터Wageningen UR가 2002년에 개발한 렛츠그로우LetsGrow이다. 와게닝겐 대학교 연구센터는 연구개발 효율화를 위하여 정부 연구조직과 와게닝겐 대학이 1997년 통합하여 설립한 기관이다.

렛츠그로우 플랫폼에서는 네덜란드 시설원예 농가 대다수

가 연결되어 지난 약 20여 년간 축적한 작물 생육 정보를 제공한다. 농장주들은 언제 어디에서나 플랫폼에 접근하여 온실 환경에 대한 실시간 모니터링 및 데이터 분석, 다른 농장과의 성과 비교, 좀 더 나은 성과를 창출하기 위한 처방 서비스를 제공받는다. 날씨나 해당 작물의 유통시세 등 다양한 데이터 서비스도 여기에 포함된다.

이 플랫폼의 알고리즘은 온실의 각종 센서, 식물생리학 및 인공지능에서 생성된 데이터를 기반으로 하며, 이 세 가지 요소의 조합은 빅데이터에 대한 추가적인 통찰력을 제공한다. 렛츠 그로우 플랫폼 개발은 와게닝겐 대학교 연구센터가 수행하였지만 운영은 네덜란드의 세계적인 환경제어 솔루션 업체인 호겐도른이 맡아 고객 지향 서비스를 제공하고 있다.

일본 농업 분야 데이터 경제 추진 현황

일본 정부는 2018년 6월, 새로운 성장 전략인 '미래투자전략 2018'의 초안[31]을 발표했다. 이는 '소사이어티 5.0[32]과 데이터 구동형 사회'로의 변화를 기본 전략으로 삼고 5대 전략 분야의 11

개 플래그십 프로젝트를 추진하는 것을 주요 내용으로 한다.

이 중 농업 분야와 관련해서는 플래그십 프로젝트 8번 항목으로 '농림수산업 스마트화'가 포함되었으며, 그 주요 내용은 농업개혁을 가속화하고, 세계 최고 수준의 스마트 농업을 실현하기 위해 ① 생산 현장을 강화하고, ② 가치사슬 전체의 부가가치를 향상하며, ③ 데이터와 첨단기술을 최대한 활용 스마트 농업의 실현하는 것이다.[33]

이를 위한 구체적인 실천 방안으로 다양한 유관 시스템과의 연계, 데이터 표준화, 공공이 보유하고 있는 지도와 기상 등의 정보 공개를 통해 농업 부문의 다양한 데이터를 공유하고 활용할 수 있는 연계 기반 역할을 수행할 농업 데이터 플랫폼 WAGRI을 구축할 것을 제시하였다. 이를 통해 생산, 가공, 유통, 소비 등 농업 가치사슬 전반에서 빅데이터 활용을 확대하여 궁극적으로 세계 최고 수준의 스마트 농업 실현을 추진한다는 목표이다.

농업 데이터 플랫폼 (WAGRI)

일본 정부는 상기한 '소사이어티 5.0과 데이터 구동형 사회'로의 변화 계획에 따라 2019년 4월 WAGRI 구축을 완료하고 본격적인 운용을 시작했다. WAGRI 시스템의 개발 및 운영은 NARO[34]가 수행하고 있는데, 기상·농지·토양·품종·비료·농약 등을 포괄하는 데이터베이스 포털인 동시에 NARO에서 개발한 작물 생육 모델, 토양지도 등을 제공하는 통합 플랫폼이다.

WAGRI는 데이터 개방을 전제로 MS의 클라우드를 사용하였으며, NARO는 WAGRI를 통해 개발된 알고리즘을 민간 기업에 라이선스하고 민간 기업은 WAGRI에 축적된 데이터를 바탕으로 비즈니스 모델을 개발하여 서비스 사업화한다. 이를 위해 60여 종의 표준 접속 프로그램API을 개발하여 제공하고 있다.[35]

NARO에서는 WAGRI를 중심으로 최근 급격히 발전하고 있는 AI·IoT 등의 첨단기술을 적용하여 2025년까지 대부분의 농작업이 데이터에 기반하여 수행되는 '스마트 농업' 구현을 목표로 설정하였다. 이를 위하여 2019년부터 약 70여 개의 현장 실증 과제를 진행 중이다.

이하에서는 WAGRI 공식 홈페이지와 '일본의 농업 빅데이터 활용 현황[36]'에서 발췌, 요약한 내용을 중심으로 WAGRI의 주요 기능 및 구조, 특징을 살펴보고자 한다.

WAGRI는 농업 부문 데이터 플랫폼으로서 다음과 같은 기능을 수행한다.

① 데이터 연계: 농업 각 분야에서 ICT 활용이 증가하면서 다양한 데이터가 생성되고 있지만 여러 곳에 분산되어 있을 뿐만 아니라 데이터의 형식도 서로 상이하기에 이를 연계하여 활용할 수 있는 빅데이터화 기능을 수행한다.

② 데이터 공유: 개별 농가, ICT 벤더농업 관리 시스템 등 서비스 운영사, 농기계 회사 등 다양한 농업 이해 당사자들이 보유하고 있는 데이터들을 일정한 규정 아래 공유하는 기능을 수행한다.

③ 데이터 제공 기능: 기상·토양·통계 등 농업 관련 공공 데이터를 수집하여 제공하는 기능을 수행한다.

WAGRI가 수행하고 있는 데이터 연계·공유·제공 기능의 경우는 사실 한국이 한발 앞서나가고 있는 상황이다. 우리나라는 지난 2017년 4월 농림수산식품 교육문화정보원 산하에 빅데이터실을 설치하여 그간 농업 부문의 다양한 유관 기관에서 생성 및 축적해온 농식품 관련 데이터의 품질과 정합성을 높이는 작업을 지속적으로 추진해오고 있다. 또한 농식품 전체 데이터의 표준체계Data Alliance 및 메타정보 구축과 공공 데이터 개방, 데이터 간 융복합, 시각화를 통한 빅데이터 활용 기반을 조성하는 작업도 지속해왔으며, 현재는 이를 토대로 농정 빅데이터 플랫폼 구축을 진행하고 있다.

우리가 WAGRI에서 주목할 것은 데이터의 관리 방안이다. WAGRI 운영에 앞서 일본의 농림수산성은 2019년 2월 '농업 분야의 데이터 계약 가이드라인'을 수립하였다. WAGRI에 농업 관련 데이터를 제공함에 있어서 보호해야 할 노하우나 기술, 개인정보 등의 유출을 방지하는 제도적 환경을 만듦으로써 데이터 연계와 공유를 활성화하기 위해서다. 이 부분은 개인정보 보호법·정보통신망법·신용정보법 개정안 등 데이터 3법이 본격 시행되기 시작한 한국에도 시사점이 크기에 WAGRI 내부의 데이터 관리 시스템을 중심으로 살펴보고자 한다.

WAGRI에서는 데이터 플랫폼을 사용하는 사용자와 데이터 제공자가 자신의 데이터가 동의 없이 다른 기업이나 사용자, WAGRI 운영자에게 공개될 수 있다는 불안을 해소하기 위해 다음과 같이 시스템적 구조를 설정하고 있다.

먼저 전체 데이터 저장소를 퍼블릭 데이터와 프라이빗 데이터 저장소로 분류하여 프라이빗 데이터의 경우는 WAGRI 운영자도 확인할 수 없는 형태로 안전하게 관리할 수 있는 영역에 저장하도록 하였다. 또 데이터 제공자가 WAGRI 운영자와의 계약 또는 규약에 따라 이 데이터를 연계하거나 공유할 경우, 데이터의 공개 범위와 대상을 스스로 설정할 수 있는 구조를 구축하여 운영하고 있다.

농업 분야의 데이터 계약 가이드라인

전술한 바와 같이 일본 농림수산성은 WAGRI 운영 과정에서 데이터 유출 및 불법 사용으로 발생할 피해를 사전에 방지하기 위해 먼저 '농업 분야의 데이터 계약 가이드라인'을 새롭게 수립하였다. 이 가이드라인은 2016년 3월에 발표된 내각관방의 '농업 IT 서비스 표준 이용 계약 가이드'와 농림수산성의 '농업 ICT 지적재산 활용 가이드라인'이 차이를 보였던 이슈데이터의 귀속 문제, 보호할 데이터의 종류와 형태 등와 활용도를 제고하려는 목적 아래 수립된 것이다.

즉 기존의 농업 부문 데이터 활용에서는 단순한 데이터 서비스 제공형이 일반적인 형태였다. 농업 데이터 서비스 업체와 농업 데이터 서비스 이용자 간의 데이터 이용 권한과 이용 조건 등을 정하는 계약이었던 것이다. 그러나 복수 제공자들의 데이터가 결합되어 새롭고 유의미한 데이터가 창출되는 경우 또는 기존 농업 데이터 서비스 업체의 데이터에 이를 활용하는 사용자의 정보와 노하우가 결합되어 새로운 데이터 서비스가 창출되는 경우에는 기존 계약 방식으로 데이터의 귀속 및 이용 권한 문제를 해결하기가 어렵다.

아울러 WAGRI와 같은 데이터 플랫폼을 구축하는 경우데이터 공용형도 기존의 계약 방식을 적용하기가 어려운 측면이 있다. 플랫폼을 이용하는 다수의 사용자가 데이터를 플랫폼에 제공하거나 플랫폼 사용 과정에서 데이터를 발생시키면 플랫폼 운영자가 이러한 데이터를 수집·가공·분석하여 다시 새로운 데이터를 사용자들에게 제공하는데, 이 경우 원천 데이터 제공자와의 데이터 제공 규약, 새로이 창출된 데이터의 이용 규약 등에 대한 합리적인 정책 가이드가 요구된다.

2019년 2월 수립된 '농업 분야의 데이터 계약 가이드라인'은 주로 이런 문제에 대한 정책 가이드를 제공하여 좀 더 많은 농업인과 농업 관련 기업, 관계 기관들의 데이터 공유 및 활용을 촉진하기 위한 제도 정비의 일환이라고 볼 수 있다.

일본 정부는 WAGRI 추진 과정에서 농업 관련 데이터의 연계, 공유와 이를 활용한 새로운 서비스 창출을 위하여 WAGRI 협의회농업 데이터 연계 기반 협의회를 설립하였으며, 이를 중심으로 다양한 사업을 수행하고 있다.

대표적인 사례 중 하나가 히타치 솔루션Hitachi Solution이 WAGRI를 활용하여 이바라키현 반도시에서 수행한 빅데이터 활용형 스마트 밀재배 영농 관리 실증사업이다. 히타치 솔루션은 자체 개발한 영농 솔루션 지오메션GeoMation 시스템에 WAGRI가 제공하는 농지, 토양, 기상, 생육 예측 데이터를 활용하였다. 각각의 포장을 하나의 단위로 하여 해당 포장에서 이루어진 작부 및 작업 실적, 시비, 추비량 등의 정보를 클라우드에 입력·공유하였으며, 이를 농업인과 보급지도원[37]이 공유함으로써 농업 현장에서 편리하게 활용할 수 있도록 하였다.[38]

중국 농업 부문의 데이터 경제
추진 현황

중국은 미국, 유럽 등 주요 농업 선진국에 비하여 스마트 농업 관련 정책 추진이 다소 늦었다. 과거 풍부했던 농촌 노동력과 오랜 중국 문화에서 배태된 '실험 후 확산' 전략[39]이 그 원인 중

하나일 것이다. 그럼에도 불구하고 현재 중국은 가장 빠르게 스마트 농업으로 전환하고 있는 국가로 꼽히고 있으며, 이미 세계 스마트 농업 시장에서 최대 규모[40]를 자랑한다. 농업의 스마트화를 향한 중국 정부의 적극적인 정책과 함께 세계적인 기술력을 가진 알리바바, 징둥, 텐센트 등 공룡 IT 기업들의 적극적인 스마트 농업 부문 투자가 맞물려 그야말로 과거 '농업 대국'에서 '스마트 농업 강국'으로 굴기屈起하고 있다.

2021년 2월 21일 발표된 '중앙 1호中央一号 문건'[41]은 2004년 '중앙 1호 문건'에서 농촌 경제의 활성화를 내건 이후 18년째 '삼농三農, 농업·농촌·농민'을 주요 주제로 다루고 있다. 중국은 2018년 하반기에 발생한 아프리카 돼지 열병ASF의 여파가 여전한 가운데, 코로나19 팬데믹과 부동산 버블 붕괴 조짐 등 경기 둔화 압력도 커지고 있다. 이러한 상황에서 중국 정부가 국민들에게 약속해온 '전면적인 샤오캉小康[42] 사회와 빈곤 퇴치'라는 양대 임무를 달성하기 위해 2021년 '중앙 1호 문건'은 2025년까지 농업·농촌 현대화에서 중요한 진전을 거두고 농업 인프라의 현대화가 새로운 단계로 도약해야 한다고 명시하고 있다. 즉 중국 정부는 농업·농촌 현대화가 '전면적인 샤오캉 사회와 빈곤 퇴치'를 위해 가장 중요하고 시급한 과제라고 판단하고 있는 것이다.

중국 정부는 2015년 스마트 농업의 중요성을 언급한 이후 지속적으로 스마트 농업 관련 정책을 발전시켜왔다. 먼저 2016년 4월, 농업부 등 8개 부처가 공동으로 제시한 〈'인터넷+' 현대 농업 3년 행동 실시 방안"互联网+"现代农业三年行动实施方案〉에서 스마트 농업의 대대적인 발전을 제기하고, 2019년 '중앙 1호 문건'에서는 농업 전략과학기술 혁신 역량을 육성하고 바이오 종자 산업, 스마트 농업 등의 분야에서 자주적인 혁신을 추진할 것을 제시하였다.[43]

2020년 1월 발표한 '디지털 농업농촌 발전규획数字农业农村发展规划'에서는 디지털화의 선도로 농업·농촌 현대화를 추진하고 전면적인 농촌 진흥 실현을 뒷받침하도록 강조하였다. 전술한 '제14차 5개년 규획'에서 제시된 다양한 실물경제제조업, 의료, 교통, 농업, 에너지 등 현장에 빅데이터를 적용·융합하는 방향으로 데이터 경제 발전 방향을 전환하는 것과 맥을 같이하는 모양새다.

중앙정부뿐만 아니라 지방정부와 공기업, 민간 IT 기업과 금융기관까지 빅데이터 및 인공지능 등 농업 분야 데이터 산업에 참여하거나 투자를 확대하고 있다. 가장 먼저 농업 분야 진출을 선언한 알리바바의 경우는 정부의 정책 방향에 부응하기 위해 2014년 100억 위안 규모약 1조 8천억 원를 투자해 현县 단위의 전자상거래 센터 1,000개와 농촌 서비스센터 10만 개를 설립하는 '천현만촌千县万村'을 추진하였다. 뒤이어 징둥은 2017년에 인공지능 기반의 식물공장 분야에, 텐센트는 2018년 스마트 농업 플랫폼 개발에 착수하는 등 중국 IT 공룡 기업들의 스마트 농업 분야 진출이 가속화됐다.[44]

이러한 민간 IT 기업의 스마트 농업 분야 진출은 중국 정부 정책에 부응하는 측면도 있지만 실제 스마트 농업 시장의 성장을 예측하고 새로운 수익 모델을 창출하기 위한 비즈니스적 측면이 더 크다고 평가된다. 이들 IT 대기업이 개발한 스마트 농업, 축산업 관련 솔루션은 농기업 및 지방정부에 광범위하게 보급되고 있으며, 중국 스마트 농업시장 규모는 2015년 이후 연평균 14.3퍼센트씩 고속 성장하고 있다. 이뿐만 아니라 직접 스마트팜을 운영하여 자사의 온라인 유통망으로 판매하기도 한다.

대표적인 중국 주요 IT 기업들의 스마트 농업 추진 사례는 다음과 같다.[45]

먼저 알리윈阿里云[46]에서 추진하는 ET 농업 브레인ET Agricultural Brain 프로젝트를 살펴보자. 이는 인공지능 및 빅데이터를 기반으로 농업 데이터를 분석하고 가축 및 작물의 전 생명 주기를 실시간으로 모니터링하는 시스템으로, 2018년 6월에 출시되었다. 농장의 모든 지표를 '가시화'할 수 있다는 장점이 있다.

솔루션을 도입한 양돈 및 과일 재배 농장 생산제품의 90퍼센트 이상은 자사 온라인 유통 플랫폼인 농촌타오바오 农村淘宝와 허마셴성 盒马鲜生으로 판매하고, 판매 데이터는 솔루션 업그레이드에 활용한다. 양돈의 경우 이미지 식별 기술을 활용해 돼지의 섭식, 운동, 면역 상태를 모니터링하고, 음성 분석으로 질병, 압사 등의 위험 요인을 색출한다. 이로써 연간 출산율 3퍼센트 증가, 새끼 돼지 사망률 3퍼센트 감소라는 생산성 향상 효과가 나타났다.

둘째, 징둥은 농축산물 유통과 연계한 솔루션과 스마트팜 조성 및 관리 솔루션 등을 보급하고 있다. 유통 관련 솔루션 중 대표적인 것이 천리안 千里眼과 러닝닭 跑步鸡 프로젝트이다. 먼저 '천리안 추적 프로젝트'의 경우는 다수의 식품 브랜드와 계약을 체결하여 각각의 브랜드가 판매하는 제품의 생산, 가공, 저장, 운송 등 모든 과정을 기록한다. 그리고 이 정보를 스마트캠과 클라우드 스트리밍 기술을 활용하여 소비자에게 제공함으로써 제품의 안전성을 부각하는 시스템이다.

'러닝닭 프로젝트'는 비좁은 양계장에서 사육한 닭보다 방목해서 사육하는 닭을 더 선호하는 고급 수요에 대응하여, 닭의

다리에 만보계 밴드를 달아 100만 보 이상 걸은 닭만 선별하여 자사 유통망에 시세보다 3배 비싼 100위안에 판매하는 프로젝트이다.

징둥이 개발한 스마트팜 조성 및 관리 솔루션은 지방정부 및 민간 기업에 보급되는데, 먼저 징둥농푸京东农服는 드론을 이용한 농작물 모니터링 서비스 솔루션으로 빅데이터와 인공지능을 기반 삼아 기상, 환경 및 병충해 정보를 제공하는 애플리케이션이다. 스마트팜 조성 솔루션인 징둥농장京东农场은 안후이성 인민정부, 셴양시 농기계센터, 광시전원广西田园그룹 등 다수의 지방정부 및 기업에 보급되었다.

셋째, 중국 내 농업 분야 사물인터넷 및 인공지능 분야에서 선도적인 위치를 차지하고 있는 후이윈신시慧云信息는 300억 달러가 넘는 중국 내 스마트팜 관련 스타트업에 대한 엔젤투자 및 펀딩의 대표적 성공 사례이다.

후이윈신시는 중국 최고의 스마트 농업 솔루션을 제공하는 것을 목표로 혁신적인 기술개발 능력을 인정받아 2016년 초, 중국 최대의 엔젤투자사인 전펀드真格基金가 주도하는 엔젤 라운드 자금 조달을 받았고, 2018년에는 중국 최대 과일 생산 기업 바이궈위안百果园으로부터 A 라운드 자금 조달을 획득하였다. 이를 기반으로 후이윈신시는 전 세계 바이궈위안의 과일 농장에 지능형 생산 서비스를 개발하여 제공하였다. 2019년 후이윈신시는 디지털광시数字广西로부터 시리즈 B 전략 자금을 조달받아 농업 인공지능 분야에 계속해서 투자하고 있다.

후이윈신시가 독자적으로 개발한 윈옌耘眼은 농업 인공지능 서비스 플랫폼이다. 농부들이 휴대폰을 켜서 작물 사진을 찍기만 하면 윈옌 플랫폼이 자동으로 질병과 해충의 유형을 식별하고 농부에게 무엇을 해야 하는지 빠르게 처방을 내려준다. 현재 윈옌 사용자 수는 10만 명을 초과했으며 면적은 300만 무⁴⁷가 넘는다. 윈옌은 매일 평균 1만 개 이상의 문의에 답변하고 있으며, 농업 전문가가 현장으로 방문하는 전통적인 농업 기술 서비스 모델과 비교하여 효율성이 약 100배 향상되었다.

현재 후이윈신시의 스마트 농업 솔루션은 중국 내 30개 성, 210개 시 및 520만 무의 토지에서 5,000개 이상의 농장에 서비스를 제공하고 있으며, 스마트 농업 분야에서는 유일하게 2021년 중국 100대 신기술에 선정되었다.

PART 03

한국 농업의
디지털 전환과 미래

얼마 남지 않은
골든 타임

시급한 농업 생산 기계화,
지금이 마지막 적기

급격한 농업 인구 감소와 고령화로 인한 노동의 질 저하 등으로 이제 농업기계화는 더 이상 선택이 아니라 지속 가능한 농업을 위한 거의 유일한 대안이 되고 있다. 다행히 1979년부터 시작된 정부 주도의 농업기계화 촉진 정책[1]의 성과에 힘입어 논농업기계화는 완성 단계98퍼센트인 반면 밭농업기계화는 61.9퍼센트 수준으로, 특히 파종·정식·수확 단계의 기계화율 제고가 시급한 상황이다.

필자는 정부의 농산물 온라인 도매시장 정책에 대한 산지

의견 수렴을 위하여 2023년 6월 중순부터 약 한 달간 전국의 주요 생산·유통 산지조직을 방문하여 심층 인터뷰를 진행한 바 있다. 양파를 주요 품목으로 하는 산지의 경우는 양파 수매가 거의 끝나갈 무렵인 6월 말에 맞추어 이틀간 전북 부안, 경남 함양, 경남 합천과 전남 함평 등 여러 도를 넘나들며 현장을 찾아 다녔다.

이틀간 1,000킬로미터 이상을 운전해서 6곳의 산지유통 조직과 심층 인터뷰를 진행하는 일정이라 벌써 19년째 같이 일하고 있는 송치홍 이사와 함께 이른 새벽에 전북 부안으로 내려갔다. 미팅 예정 시간보다 일찍 도착하여 시설을 둘러보는데 이미 가득 차 있어야 할 양파 입고장과 저장고에 빈 팔레트가 많이 보였다. 무슨 일인가 싶어 부안유통 임장섭 대표님 방문을 두드렸다. 임 대표님은 밝은 얼굴로 환영해주셨으나 그 후에 대표님을 통해 전해 들은 현장 상황은 어두웠다.

대표님은 다 때려치우고 싶은 마음이 든다고 하소연했다. 올해 양파가 서리 피해를 봐서 모두 씨알이 잘고, 1평당 20킬로 그램은 나와야 하는데, 올해는 절반밖에 안 나올 것 같다는 것이다. 알이 커야 제값을 받는데 작황이 좋지 않고, 이런 상황인데도 정부는 물가를 잡는다고 중국에서 알이 큰 것들을 수입해서 풀고 있는 실정이라고 했다.

"그나마도 인력을 못 구해 난리야. 사람이 없어서 아직도 수확 못 한 밭이 많아. 빨리 수확해서 가져가달라는 농가가 많은데 손을 다 못 쓰고 있어. 예전에는 일 잘하던 사람들이 많았어. 한 사람이 하루 200망 작업도 너끈히 했는데, 이제는 다들 나이가 들어 그 반의 반도 못 해. 2배로 일당을 올려줘도 일할 사람을 못 구해 난리지. 인력업체에서는 팔십 넘은 할머니도 막 데려다놔. 데려다만 놔도 돈을 주니까. 그 할머니가 힘든 양파 수확일을 하실 수 있겠나? 며칠 전에는 동네 할머니가 밭두렁에 앉아 계시다가 나를 보고 막 우셔. 미안하다면서. 사람 수 채워야 한다고 해서 나오긴 했는데 힘이 들어서 일은 못 하겠고, 앉아만 있자니 너무 염치가 없다고 막 우시는 거야."

필자는 그래서 정부가 양파와 마늘 주산지에 기계화 보급을 하려고 하지 않냐고 물었다. 기계화밖에 답이 없는 현실인 것이다.

임장섭 대표님도 물론 기계화가 옳은 길이라는 것을 알고 있었다. 그러나 기계화를 하려면 그에 맞게 영농 방법을 바꾸고 경지 정리도 해야 하는데 생산 농가가 이미 고령화되어서 기존의 방식을 고수하려는 문제가 있다고 지적했다.

"정부에서 여러 좋은 정책을 내놓고는 있지만 따라가기가 쉽지 않아. 스마트 APC 사업도 농협은 모르겠지만 일반 산지 유통업체는 참여하기가 힘들지. 자부담 투자해서 수익을 내기도 힘들고, 스마트 APC를 잘 운영할 수 있는 유능한 젊은이들은 구하기 어렵고."

대표님은 이대로 본인이 은퇴해버리면 지역 농업은 누가 버티나 하는 근심에 할 수 있는 데까지는 해볼 뿐이라고 소회를 밝혔다.

오전 내내 세세한 현장 상황과 정부의 산지유통 정책에 관해 애기하다가 기왕 온 김에 직원들 교육도 해주고 상담도 해줄 겸 자고 가라는 만류에도 불구하고 필자는 조만간 다시 방문하겠다는 인사를 남기고 출발했다. 경남 함양으로 가는 차 안에서 내내 마음이 무거웠다. 조금 전 임 대표님에게 들었던 팔순 할머니의 서글픈 모습이 너무나 생생하게 그려졌다. 평생을 해온 힘든 밭일에 굽어버린 허리와 까맣게 그을렸을 주름투성이 얼굴이 떠올랐다. 농사일로 고단한 청춘을 다 갉아먹고도 또다시 들판으로 나와야 하는 현실에 마음이 먹먹해졌다. 정말 이것이 우리 농업인들의 미래인가 하는 의문이 샘솟았다.

다음 미팅이 있는 함양군 농협조합공동사업법인이하 조공에

도착했을 때는 빗방울이 한두 방울 떨어지고 있었다. 들판에 수확해놓은 양파는 비를 맞으면 저장성이 떨어지기 때문에 입고장 현장은 무척이나 분주했다. 그런데 유독 한쪽에 빈 팔레트가 많이 쌓여 있는 게 눈에 들어왔다. 현장에 나가 있던 정영재 함양 조공 대표님을 만나자마자 조공 마당에 빈 팔레트가 왜 이렇게 많냐고 물었다. 혹시 함양도 올해 양파 작황이 안 좋은 것인지, 일손 부족으로 수매를 잘 못하고 있는 것인지 불안했다.

정 대표님은 수매는 순조롭게 마무리되고 있다며, 앞에 쌓아놓은 팔레트는 주산지 일관 기계화 사업에 따라 신형 팔레트로 교체하면서 아직 처분하지 못한 구형 팔레트들이 남아 있는 것뿐이라고 말씀하셨다. 그 순간 나도 모르게 "아이고, 다행입니다" 하는 탄성이 절로 나왔다.

이어서 올해 양파 작황과 인력 문제 등에 묻자 정 대표님이 반가운 대답을 해주셨다.

"올해 양파가 전반적으로 크기가 좀 잘은 점은 있으나 작황이 아주 나쁘지는 않습니다. 함양의 경우는 밭농업 일관 기계화 사업 시범 대상으로 선정되어 정식기, 수확기, 순치기 기계까지 모두 성공적으로 도입해 적용하였습니다. 이제 인력 문제는 크게 없습니다."

물론 함양 조공도 기계화 전환이 쉽지 않았고, 시행착오를 많이 겪었다. 양파는 특히 육묘가 어렵다. 육묘가 잘못되면 수확기 양파 품질에 문제가 발생하고, 정식기로 기계화 정식할 때 밭의 지형에 따라 착근이 잘 안되고 붕 떠버리는 경우도 생긴다. 그래도 함양 조공은 농가 인력 감소와 고령화 문제를 해결하려 기계화를 계속 시도했고, 이제야 그 성과가 나타나기 시작한 것이다.

"일손 부족으로 작년에 전국적으로 양파 재배 면적이 줄었는데, 우리는 기계화 전환에 성공하면서 오히려 재배 면적이 늘어났습니다. 그간 고생은 했지만 이제는 할 만합니다. 며칠 전에는 장관님도 성과를 시찰하러 다녀가셨지요."

어딘가 희망이 묻어나는 대표님의 말을 들으며 이제 함양 농민들은 걱정이 없구나 하는 생각이 가장 먼저 들었다. 드디어 양파도 기계화 성공 사례가 나왔으니 빨리 전국으로 확산²하면 되겠다 싶었다. 주름졌던 마음이 그나마 조금 펴지는 것을 느꼈다. 밭농업기계화 전환의 골든 타임은 아직 남아 있는 것이다. 지속 가능한 한국 농업을 지켜줄 희망의 불씨는 꺼지지 않았다.

한국 농산업에
밀려오는 파고

주지하고 있는 바와 같이 한국의 농업·농촌은 고령화, 기후변화, 농산물 완전 개방에 따른 수입 증가, 식품 소비 트렌드 변화 등 대응해야 할 수많은 난제로 인해 중요한 변혁의 시기에 직면해 있다. 환경 변화에 빠르게 대응하지 못하면 한국 농산업의 기반 자체가 급속히 붕괴할 수 있는 위기 상황이다.

언제 한국 농업이 위기가 아닌 적이 있었냐고 반문하는 사람도 있을 것이다. 그러나 이번에는 정말 근본적인 혁신이 없으면 쓸려가버릴 수밖에 없는 쓰나미 같은 파고가 다가오고 있다. 그리고 그러한 파고를 뛰어넘을 수 있는 혁신의 급행열차가 바로 농산업 디지털 전환이다.

먼저 한국 농산업에 밀려오고 있는 거대한 파고가 무엇인지 살펴보자. 가장 먼저 언급할 수 있는 것이 생산 환경의 변화이다. 기후변화로 인해 기상 이변 및 자연재해 발생이 잦아지고 있는데 피해를 완충하기 위한 수리시설은 노후화[3]되어 경작 피해가 지속적으로 증가하고 있다. 이에 따라 농업인의 경영 안정 장치인 농어업 재해보험 지급액은 2016년 1,115억 원에서 2020년 1조 193억으로 빠르게 증가하며 손해율이 급증해 운용에 한계를 드러내고 있다. 여기에 더해 이상 기온으로 인한 병해충 경작 피해도 해마다 커지고 있으며, 조류 인플루엔자나 구제역, 아프리카 돼지 열병 등 가축 전염병이 축산 농가의 생존을 위협하는 실정이다. 이뿐만 아니라 신기후 체계에 대응한 2030 국가 온실가스 감축 로드맵에 따라 농업 분야도 탄소 배출을 줄이는 저탄소 농업으로의 전환을 요구받고 있다. 현재 농업 부분은 국가 전체의 2.9퍼센트 수준인 연간 약 2천만 톤[4]의 온실가스를 배출하고 있는 것으로 집계되나 실제 배출량은 이보다 훨씬 클 것으로 추정된다. 질소비료의 사용량kg/ha도 주요 선진국 대비 매우 높은 수준[5]으로, 환경친화적 농업 방식으로의 전환이 시급한 상황이다.

교역 환경은 더욱 심각하다. 2004년 한-칠레 FTA[6]를 시작으로 빠르게 증가한 자유무역협정은 2022년 기준으로 18개58개국가 이미 발효되었고, 현재 10건의 FTA의 협상이 진행 중이다. 이 덕분에 우리나라 제조업의 수출과 외국인 투자가 증가하는 등 경제 전체로 보면 긍정적인 성과를 거두는 듯 보이지만, 농업의 경우는 직격탄을 맞고 있다. 농산물 소비는 갈수록 줄어드는 상황에서 기존에 발효된 FTA 등 시장 개방 확대의 누적 효과에 따라 수입 농산물이 폭발적으로 증가연평균 2퍼센트 누적. 2000년 67.8억 달러→ 2019년 290.7억 달러하면서 국내 농산물 시장을 잠식하고 있다. 인건비와 비료 등 중간 투입재의 가격은 빠르게 치솟고 있는 데 반해 수입 농산물의 증가가 가져오는 농산물 가격의 천장효과 ceiling effect로 인해 농산물 가격 인상이 정체되면서 농업의 경영 수지가 지속적으로 악화하고 있는 것이다. 여기에 더해 현재 정부가 가입을 추진[7] 중인 CPTPP포괄적 점진적 환태평양 경제동반자 협정가 성사될 경우 그야말로 농산물 완전 개방CPTPP의 농산물 관세 철폐율은 평균 96.3퍼센트 수준 시대에 진입하게 된다. 이미 CPTPP에 가입해 있는 농업 강국인 호주와 뉴질랜드 등의 우수 농식품이 저관세로 국내 시장에 쏟아져 들어오고 마는 것이다.

생산 환경 및 교역 환경의 악화도 심각하지만 가장 심각한 것은 농업 인력 문제이다. 우리나라 농가 인구는 2000년의 403만 명에서 현재 약 216만 명으로, 20년 만에 거의 절반 수준으로 줄어들었다. 이것도 모자라 2030년에는 전체 인구의 약 3.6퍼센트 수준으로 감소할 전망이다. 농가 인구의 노령화도 심각해 현재 65세 이상 고령 비율이 약 50퍼센트에 육박한 상황이며, 2030년에는 60퍼센트에 달할 전망이다. 그야말로 돈 되는 작물도 없고, 농사지을 사람도 없는 상황인 셈이다.

한국 농산업의
디지털 전환 전략

제한된 자원 상황에서 현장의 어려움을 슬기롭게 해결해나가는 동시에 지속 가능한 스마트 농업·농촌을 준비하기 위해서는 정밀한 농업·농촌 정책 수립과 집행이 요구된다. 농정 전반 중앙과 지방에 데이터 기반의 지능정보기술 융합이 선행되어야 할 이유다. 전술한 바와 같이 이에 대해 미 농무부는 USDA 데이터 전략을 통해 "데이터는 미 농무부의 역할에서 심장과 같은 위치를 담당해왔다"라고 주장한다. 또 "미 농무부는 미 농무부가 수행하는 모든 업무에 농부와 목장주, 국유림 사용자, 농촌 지역사회, 소비자, 무역 파트너, 농산업체 등 고객을 중심에 두고, 사실과 데이터에 기반한 업무 수행으로 연방정부 중에서 가장 유능한 기관이 되는 것을 비전으로 한다"라고 밝히고 있다.

한국 정부도 '전자정부 2020 기본계획' '제6차 국가 정보화 기본계획' 등을 통해 지능정보기술을 핵심 수단으로 활용하여 행정 분야뿐만 아니라 정치·사회 분야까지 민관 협력 파트너십을 확산하는 정책을 수립하였다. 또한 국민 개개인의 복합적 속성과 니즈를 반영한 개인 맞춤형 서비스로 전환하는 한편, 기존 전자정부의 핵심 목적이라 여겼던 효율성 및 투명성 제고를 넘어 지속 가능한 정부 혁신과 사회 발전을 도모하는 '지능정부 Intelligence Government'라는 새로운 정부 형태를 구현하는 정책 방향을 제시하였다.

문제는 데이터다. 특히 농업 부문은 산업의 특성상 현장의 다양성이 다른 산업에 비해 매우 클 뿐만 아니라, 산업 현장의 디지털 환경과 사용자의 디지털 역량이 부족해 다른 분야에 비해 양질의 데이터를 생산·수집·공유·활용하기에 어려움이 많다. 그렇기 때문에 더더욱 호혜적인 농업 분야 데이터 생태계를 구축하는 것이 중요하다. 지능화된 데이터는 가치사슬 내의 다양한 협업 활동을 결합하는 매개체이자 산업의 혁신을 유도하는 촉매이므로, 산업 내 데이터를 활발하게 생산·수집하고 공유·활용하는 데이터 생태계의 수준은 해당 산업의 경쟁우위 확보에 기초로 작동한다.[8] 따라서 농업 분야의 데이터가 더욱 활발히 공유·교환되고 재생산될 수 있는 제도적 환경을 만드는 일이 선행되어야 한다. 일본 정부가 농업 데이터 연계 기반 WAGRI를 운영하기 전에 농업 분야의 데이터 계약 가이드라인을 제정한 것과 최근 OECD 각국에서 디지털 거버넌스 문제가 핵심 이슈로 부각되고 있는 것도 바로 이 때문이다.

다음으로 한국 농산업에 경쟁력과 지속 가능성을 제공하기 위한 측면에서 살펴보자. 소비 트렌드 변화에 따른 작목 다변화와 기후변화 등에 대응해야 하는 기존 농업인, 농가 인구 고령화 등 산업 이탈로 인하여 필연적으로 새로이 농산업에 진출할 새로운 농업인의 스마트 영농을 지원할 수 있는 지능형 영농 서비스가 필요하다.

높은 성과를 나타내는 농장의 영농 데이터들과 비교해 농장별 맞춤 처방을 해주는 미국의 FBN, 모바일 기반의 인공지능 처방 솔루션으로 전통적인 농업 기술 지도사업을 업그레이드한 중국 후이원신시의 윈옌 플랫폼, 수십 년간 데이터 공유 플랫폼에 축적된 작물 생육 정보를 기반으로 온실 정밀제어 서비스를 제공하는 네덜란드의 렛츠그로우 등은 모두 자국의 농산업 환경에 적합한 방식으로 기존 농업인과 새로운 농업인에게 지능형 영농 서비스를 제공하는 사업 모델BM로 발전해가고 있다.

우리 토양, 우리 기후, 우리 품종 및 우리의 농업 여건에 맞는 발전된 지능형 영농 서비스의 개발과 빠른 확산이 시급하다. 지능형 영농 서비스 사용 과정에서 축적되고 재생산되는 데이터와 이를 통한 디지털 전환이 한국 농업·농촌이 당면하고 있는 많은 난제를 효과적으로 해결해줄 솔루션이기 때문이다.

다양한 지능영농 서비스로 디지털 파밍 시장을 선도하고 있는 주요 글로벌 기업들의 공통적인 특징은 4차 산업혁명과 데이터 경제 시대 이전의 제품지배논리 Goods Dominant Logic, G-D logic 에서 벗어나 서비스지배논리 Service Dominant Logic, S-D logic 로 경영 전략을 전환하였다는 것이다.

미국의 클라이밋 코퍼레이션, FBN, 플래닛 랩스 등은 처음부터 다른 기업이 생산한 하드웨어를 활용하여 데이터를 분석하는 지능정보 서비스를 목적으로 창업하였고, 전통적인 제조업체였던 존디어나 트림블은 빅데이터와 인공지능 등 지능정보 기술을 자사 하드웨어에 융합하여 어그테크 서비스 기업으로 변신하였다.

서비스 사이언스[9]의 관점에서 서비스는 "타 경제 주체의 이익을 위해 어느 한 경제 주체가 지식과 역량을 적용하는 일련의 활동을 포괄하는 것으로, 이를 위해서는 서비스 제공자와 사용자들 사이에서의 상호 작용이 필수적"[10]이다. 그리고 서비스 시스템은 "복잡한 가치사슬과 네트워크 안에서 서비스 제공자와 사용자가 함께 가치를 생성하도록 하는 다양한 구성 요소들의 체계적 집합"[11]이다.

공공의 데이터와 민간의 데이터를 함께 다루는 데이터 플랫폼의 경우는 필연적으로 공동 가치를 창출하기 위해 다른 서비스 시스템지능형 영농 서비스 등과 직간접적인 상호 작용을 하게 되는데, 직접적인 데이터 개방 및 공유에서뿐만 아니라 이러한 상호 작용까지 고려해야 할 필요가 있다.

물론 우리 정부와 농림수산식품 교육문화정보원, 농촌진흥청, aT 한국농수산식품유통공사 등의 산하 기관들은 농산업의 디지털 전환을 지원하기 위해 다양한 빅데이터 플랫폼을 구축하여 운영하고 있다. 그러나 전주기 농산업 빅데이터와 영농 주체들이 보유한 로컬 데이터를 융합하여 수요자 맞춤형으로 제공하는 융합 인프라는 지금까지 부재한 상황이다. 그리고 이것이 서비스형 플랫폼PaaS 단계에서 서비스형 소프트웨어SaaS 단계로의 진화를 지체시키는 동시에 수요자 맞춤형 지능정보 서비스 산업 창출에 장애 요인으로 작동하고 있다고 할 수 있다.

대표적인 농식품 빅데이터 플랫폼인 농식품 빅데이터 거래소KADX의 경우, 농식품 빅데이터를 기반으로 정제, 융합, 가공을 통해 다양한 유형의 분석 데이터를 개발하여 농업 관련 지능정보 서비스 산업에서 구매할 수 있도록 제공하고 있으나 전술한 장애 요인으로 인해 데이터 거래가 활발하게 이루어지지 못하는 형편이다.

흔히 지능정보기술Intelligent Information Technology[12]이라고 표현하는 최

신 정보통신기술 변화에 대한 이해가 부족한 독자들을 위해 몇 가지 예시를 들어 부연 설명을 하고자 한다.

먼저 기존 영농인을 위한 지능정보 서비스를 상상해보자. 영농 계획을 수립할 때, 농부는 생산, 상품화, 유통 등 많은 분야에서 의사결정을 내린다. 그리고 이를 위해서는 다음과 같이 다양한 빅데이터 기반의 지능정보 서비스가 필요하다.[13]

먼저 작물 선택을 위해서 선택 가능한 작물들의 미래 출하 가격 예측을 위한 정보가 필요하다. (이 정보는 KAMIS, 농넷, KADX 등에서 분산 제공한다.) 후보 작물을 선택하고 나면 해당 작물에 대한 최적의 영농 방법 및 스마트 영농 매뉴얼을 확보해야 한다. (이는 농진청 및 산하 기관, 지역별 농업기술원 및 농업기술센터에서 분산 제공한다.) 이때 해당 작물의 영농 과정에서 도입 가능한 영농기계 정보 및 임대 서비스도 꼼꼼히 검토해야 한다. (지역별 농기계 임대사업소 및 농협 농기계 은행 등에서 분산 제공한다.) 후보 작물에 대한 이러한 검토 과정을 반복적으로 수행하여 작물을 선택하고 영농 계획을 수립하려면 머리가 복잡해질 수밖에 없다. 그러므로 현재 농정원, 농진청 및 산하 기관, aT 등에서 분산 제공하고 있는 공공 데이터와 지역별·주체별로 생성 및 수집하고 있는 로컬 데이터를 융합하여 수요자 맞춤형으로 제공하는 지능정보 서비스가 필요한 것이다.

다음으로 예비 농업인을 위한 지능정보 서비스를 상상해보자. 귀농 또는 창농을 준비하는 예비 농업인은 준비 과정에서 여러 가지 지능정보 서비스를 필요로 하며, 현재 다양한 기관에서 해당 정보 및 서비스를 분산하여 제공하는 중이다. 물론 그 정보를 일일이 찾아서 활용하는 것은 현재로서는 예비 농업인의 몫이다.

예비 농업인이 사전에 확보해야 할 정보에는 어떤 것들이 있을까? 아마도 다음과 같은 정보가 필요할 것이다.

① 영농 품목 선택을 위해서 적합한 임대 또는 매입 가능 농지 정보
   (농어촌공사 농지은행 및 지자체별 농지 정보 등)

② 해당 농지의 토양, 토질, 수질 정보 등과 기후 정보
   (농진청 흙토람, 지자체 농업기술센터 토양 분석 데이터 등)

③ 창농, 귀농귀촌 지원 사업 정보
   (농정원 귀농귀촌 종합센터, 지자체 해당과 등)

④ 해당 작물의 영농 방법 및 시기별 투입 자재와 농기계 정보
   (농진청, 도 농업기술원, 시군 농업기술센터, 농기계 임대사
   업소 등)

⑤ 해당 작물의 단위 생산량 및 경제성 분석 데이터

(농진청, 도 농업기술원, 시군 농업기술센터 등)

⑥ 해당 작물의 주요 유통 경로 및 시기별 판매 가격 데이터

(옥답 농산물 경락 가격 데이터 및 농넷, KAMIS, KADX 등의

유통 데이터)

예비 농업인의 수고를 덜어주고, 성공적인 귀농과 창농을 지원하려면 다양한 데이터 제공 기관에서 나오는 파편화된 데이터를 융합하고, 인공지능 등 지능정보 기술로 분석하여 수요자 맞춤형으로 제공하는 지능정보 서비스가 필요하다. 아마도 대화형 인공지능 서비스인 챗GPT ChatGPT와 같은 한국형 지능형 영농 서비스가 머지않은 시기에 만들어질 것이라고 필자는 생각한다. 이미 단기간에 그러한 서비스를 구축할 수 있는 기술적 역량을 대한민국은 확보하고 있다.

문제는 데이터에 대한 접근 방식이다. 전술한 바와 같이 미국의 FBN은 가치 발생의 원천을 서비스 제공자가 가진 방대한 데이터에서 사용자의 데이터와 이를 융합한 네트워크 분석으로 대체했다. 이로써 상대적으로 후발 주자이고 적은 투자를 했는데도 클라이밋 코퍼레이션 같은 세계 최대 규모의 지능형 영농

서비스 업체와 어깨를 나란히 할 만큼 성장할 수 있었다.

가장 먼저 관점 전환이 필요하다. 농업의 주체인 농민을 지능형 영농 서비스의 사용자가 아니라, 원천 데이터를 생산하고 지능형 서비스 사용 과정에서 지속적으로 데이터를 확대·재생산하는 가치 공동 창출자 Value Co-Creator 로 받아들여야 한다. 또 협력적인 농업 데이터 생태계 구축도 시급하다. 이를 바탕으로 우리 데이터에 기반한 디지털 농업을 발전시키고 농민과 함께 공진화하는 것이 이미 도래한 데이터 경제 시대에 한국 농업·농촌의 지속 가능성을 확보하는 최선의 길이다.

한국 농산업 혁신의 출발점

새로운
유통의 시대가 온다

광의의 개념에서 푸드시스템은 식품 공급에 관련된 모든 산업과 생산에서 소비까지의 식품 흐름 전반, 그리고 연관된 모든 경제 주체의 활동과 상호 관계, 관련 제도 및 정책을 모두 포괄[14]하는 것으로 정의된다. 이러한 푸드시스템 중 유통은 장소, 시간, 수량, 품질 등 생산과 소비 사이의 다양한 간격을 메꾸어 생산자와 소비자를 연결하는 활동이라 할 수 있다.

농식품 유통의 디지털 전환과 향후 변화 전망을 이야기하기 전에 먼저 왜 농산물 유통의 디지털 혁신이 한국 농산업 디지털 전환의 출발점이 되는지 살펴보자.

지난 20여 년간 점진적으로 성장하던 온라인 유통 시장은 코로나19 팬데믹 기간에 폭발적으로 성장하며, 전체 유통 시장을 온라인과 오프라인의 이원화된 시장으로 재편시켰다. 그리고 그중에서도 가장 빠르게 증가하며 온라인 유통 시장의 성장을 주도한 것이 바로 농식품 카테고리이다. 이렇게 급변하는 농산물 유통 현장에서 종사하는 많은 이들, 특히 농산물 도매시장 유통인들이 필자에게 가장 많이 하는 질문이 바로 농식품 유통의 미래가 무엇이냐는 것이다. 그러면 필자는 늘 "앞으로 유통流通은 점차 줄어들고 통유通流가 늘어날 것이며, 바로 이것이 미래 유통이 될 것입니다"라고 대답한다.

유통은 무엇이고 통유는 무엇인가? 먼저 유통은 흘러온 것을 통하게 하는 활동이다. 즉 생산자가 과거의 경험, 직관, 관행 등을 기반으로 의사결정을 하여 생산하고, 소비지로 출하流한 것을 수요자와 연결通하는 활동이다. 가장 대표적인 유통 경로가 지난 40여 년 동안 한국 농산물 유통에서 중추적 역할을 해온 농산물 도매시장이며, 경매가 바로 생산자와 구매자를 통하게 하는 대표적 방법이다. 그렇다면 통유란 무엇인가? 통한 것 또는 통할 것이 흘러오도록 하는 활동이다. 빅데이터와 AI를 기반으로 소비자의 니즈를 파악하고 이를 생산자에게 전달하여 적시, 적가, 적품, 적량의 농산물을 생산하고 상품화하여 출하하도록 유도하는 활동이다. '유통'이 선출하 후거래 방식이라면, '통유'는 선거래 후출하 방식이라고 할 수 있다.

계절별로 소비되는 농산물의 종류나 소비자의 니즈가 단순했던 과거 유통의 시대에는 '생산-유통-소비' 간 가치사슬 연결이 상대적으로 느슨하고 업무의 흐름도 일방향 중심후방 산업→ 전방 산업[15]이었다. 그러나 4차 산업혁명에 진입한 현재통유의 시대에는 '생산-유통-소비' 간 가치사슬의 연결이 양방향으로 점점 긴밀해지면서 초연결hyper-connected되어야 한다. 그리고 이러한 산업의 변화를 주도해야 하는 것이 전방 산업과 후방 산업의 중간에서 서로의 간극을 메우고 연결하는 유통의 역할이다. 바로 이 점이 필자가 농산물 유통의 디지털 전환이 한국 농산업 전반의 디지털 전환에서 출발점이 된다고 주장하는 이유이다.

농산물 유통 혁신의
시작점

그렇다면 농산물 유통의 디지털 혁신은 어느 지점을, 어떻게, 어떤 방식으로 변화시켜야 성공적으로 추진할 수 있을까? 일반적으로 농산물 유통은 산지유통, 도매유통 B2B, 소매유통 B2C으로 대별된다. 이 중 이마트, 홈플러스, 롯데슈퍼, GS리테일 등 우리가 생활 속에서 수시로 접하고 있는 소비지 대형 유통업체들은 코로나19 팬데믹 이전에 이미 디지털 전환 2단계에 진입한 것으로 평가된다. 고품질, 소포장, 반가공 등 소비자의 농식품 선호 체계 변화에 적극적으로 대처하기 위하여 소비지 인근에 대형 물류센터를 운영하면서 산지의 출하 단계로까지 사업 영역을 확대하는 등 농식품 유통 가치사슬의 상당 부분을 내부화하면서 트렌드 대응 능력을 강화해왔다.

코로나19 팬데믹은 온라인 비대면 소비를 폭발적으로 증가시켰다. 코로나 이전까지 음식료품은 전체 소비에서 가장 높은 비중약 24퍼센트을 차지해왔음에도 불구하고 온라인 침투율온라인 구매 비중은 15퍼센트 수준으로 가장 낮았다. 코로나19가 불러온 사회적 거리 두기에 따라 온라인 식품 구매에 저항 심리를 가졌던 소비자들이 어쩔 수 없이 혹은 시험 삼아 구매를 시작했고, 이후 온라인 식품 시장의 고성장 랠리가 지속되었다. 이제 쿠팡, SSG닷컴, 마켓컬리 등에서 신선식품을 구매하는 게 보편화되면서 새벽마다 아파트 문 앞에 온라인 신선식품 플랫폼의 보랭박스가 놓여 있는 풍경이 더 이상 신기한 일이 아니게 되었다. 그 결과 전통적으로 오프라인 중심이었던 농식품 유통 시장은 온라인과 오프라인의 이원화된 시장으로 빠르게 재편되었다.

온라인 식품 시장의 급속한 성장을 주도한 것은 플랫폼 기반의 신유통 기업들로, 쿠팡과 마켓컬리가 대표적이라 할 수 있다. 최근 5개년 연평균 성장률 61.7퍼센트_{2022년 매출 약 26조 6,000억 원}를 기록하며 글로벌 유통기업 중 중국의 알리바바_{153.1퍼센트}, 영국의 EG그룹_{75.15퍼센트}에 이어 가장 빠르게 성장하는 유통기업 순위 3위에 랭크[16]된 쿠팡의 경우, 불과 몇 년 만에 전통적인 유통 강자인 신세계 계열_{30조 4,602억 원} 및 롯데 계열_{15조 70억 원}과 견주는 수준으로 성장했다. 그리고 이 성장을 주도하는 것이 식품 시장이다. 주로 신선식품을 판매하는 마켓컬리의 경우, 2015년 매출 29억에서 2022년 매출 2조 6,000억 원으로 7년 만에 약 900배라는 드라마틱한 성장세를 보였다.

신세계 계열, 롯데 계열, 홈플러스, GS리테일-홈쇼핑 등 코로나19 기간에 사회적 거리 두기로 인해 단기적으로 매출이 급감했던 유통기업들도 기존에 보유한 인프라를 활용해 오프라인에서 온오프라인 통합 유통기업으로의 전환을 추진하며 급증하는 온라인 유통 시장 경쟁에 뛰어들었다.

신세계 온라인몰의 경우는 새벽배송을, 오프라인 매장의 경우 피킹앤패킹 센터를 구축하여 당일배송 체계를 구축했다. 롯데마트는 자동화 포장 설비를 도입하여 온라인 배송 경쟁력을 강화하고, 자동화 설비가 구축된 온오프라인 융합 매장_{잠실점,} _{구리점}을 설치하여 오프라인 영업과 온라인 배송 체계를 확보했다. GS리테일은 2021년 7월 국내 최대 홈쇼핑 업체인 계열사 GS 홈쇼핑을 인수합병하여 온오프라인 통합 기반을 확보하고 로컬 플랫폼을 지향하는 '우리동네GS' 등 근거리 초신선 물류 인프라를 구축 중이다. 홈플러스는 온오프라인을 결합한 '올라인_{All-line}' 유통 모델을 도입하여 온라인 정보를 오프라인 물류 거점으로 전략화하고 있다.

결국 코로나19 이전부터 서서히 진행되어오던 소매유통의 디지털 전환은 사회적 거리 두기라는 오프라인 환경상의 장애 요인으로 인해 가속화되면서 플랫폼 기반의 유통기업들을 급격히 성장시켰으며, 기존 유통기업들의 온오프라인 통합 유통기업 전환을 촉진했다고 할 수 있다.

현재 소매유통의 디지털 전환은 상품 거래와 물류의 디지털화, 상시 상거래 기반의 디지털 커머스 활성화 단계를 거치고 있다. 향후에는 AI와 빅데이터 등 지능정보기술의 본격적인 활용으로 "판매자와 구매자의 쌍방향 소통에 의한 개인화된 맞춤형 쇼핑이 이루어져, 생산자에서 소비자로 상품과 서비스가 전달되는 B2C에서 소비자의 니즈를 생산자에게 전달하는 C2B로 확대될 것으로 예측B platform C 또는 B←C"[17]되고 있다.

농산물 온라인 B2C의 유형도 온라인 종합쇼핑몰, 온라인 식품전문몰, 대형 유통기업의 온라인몰, 온라인 특산물 매장 등으로 다양화되고 있는데, 최근에는 농산물 온라인 B2C의 유형 구분이 없어지고 혼합형으로 재편되어 진화하고 있다.

이처럼 소매유통B2C 단계가 환경 변화에 발 빠르게 대응하며 급속한 디지털 전환을 이루고 있는 데 비하여 산지유통과 도매유통의 디지털 전환은 상대적으로 매우 더디어서 농산물 유통 발전의 저해 요인이 되고 있다. 이에 따라 정부도 2023년 1월 '농산물 유통구조 선진화 방안: 연중 대량 공급체계 구축 및 디지털 전환'[18]을 통해 산지유통과 도매유통 단계의 농산물 유통구조를 혁신하기 위한 다양한 정책을 제시하였다.

여기서 제시된 것 중 가장 핵심이 되는 사업은 산지유통 거점화·규모화를 위한 '주산지 스마트 산지유통센터APC 구축' 사업과 농산물 거래 디지털 전환을 위한 '농산물 온라인 도매시장 구축' 사업이다.

먼저, 스마트 APC 구축 사업은 2027년까지 주요 품목 주산지에 대량거래를 위한 스마트 APC[19] 100개소를 구축하는 사업이다. 이렇게 구축된 주산지 거점 스마트 APC를 중심으로 인접 APC들을 저장·선별·상품화 등 핵심 기능별로 재구성하고 유기적으로 결합해 산지 통합조직의 취급액도 확대하고 맞춤형 상품 개발 및 대량 구매처 대상 직접 판매 역량도 강화하는 것이 목표이다. 상기한 주산지 스마트 APC 구축 사업의 경우, 농업 선진국의 성공 사례도 많고, 당사자들의 이해 충돌도 거의 없어 큰 차질 없이 성공적으로 추진될 것으로 기대된다.

농산물 유통 패러다임의 전환

또 하나의 핵심 사업이자, 개인적으로는 향후 농산물 유통의 패러다임을 전환할 시발점이 될 것으로 판단하고 있는 농산물 온라인 도매시장 구축 사업은 2023년 11월 개장을 목표로 시스템 구축 작업이 진행 중이며, 스마트 APC 100개소 구축 사업이 완성되는 2027년까지 공영 도매시장 거래 비중의 20퍼센트인 약 2조 7천억 원을 온라인 도매시장 거래로 전환하는 것이 목표이다. 이 사업을 제대로 이해하기 위해서는 한국 농산물 도매유통 시스템의 생성 및 변화 과정과 현재의 공공 도매유통 경로공영 도매시장, 그리고 누적된 여러 문제에 대한 이해가 선행되어야 한다.

지난 반세기 동안 한국 경제는 괄목할 만한 변화를 보여왔다. 세계 10위권에 육박한 경제 규모라는 양적 성장뿐만 아니라 경제 구조의 질적 발전으로 인하여 한국 경제의 면모는 크게 바뀌었다. 자생적인 자본주의 발전 과정을 겪은 서구와 달리 한국 경제는 외생적인 요인에 의하여 압축적인 산업화 과정을 거쳤다. 이 구조적 변화 가운데 가장 두드러진 측면은 농업에서 공업 및 서비스업으로 경제의 중심이 완전히 이동한 것이라고 할 수 있다.

국가 주도의 급속한 산업화 과정을 통하여 인구 이동과 도시화, 특히 수도권 집중이 가속화하면서 급격히 늘어난 도시민에게 급속한 인구 감소로 발생하는 농촌 지역의 잉여 농산물을 최대한 값싸게 공급하는 것은 매우 중요한 과제였다. 실제로 도시 지역 농산물 소비 증가와 급격한 상농업화로 농산물 수급 불안과 가격 급등락이 심화함에 따라 정부가 이를 해결하기 위해 1977년 공영 도매시장 건립을 결정하고, 1985년 가락시장이 개장됨으로써 농산물 공영 도매시장 시대가 열린다. 이후 한국 농산물 유통의 중추적인 경로로 자리 잡은 공영 도매시장에 대한 정책은 정부 농산물 유통 정책에서 핵심적 지위를 차지해왔다.

지난 약 35년간 시기별로 다양한 도매시장 정책이 제시되어 왔지만, 큰 틀에서 보면 '거래의 투명성'과 '비용 효율성'에 정책 목표가 맞추어졌다고 볼 수 있을 것이다. 이러한 도매시장 정책은 도매시장 건립 당시의 유통 환경과 경쟁 구조에서 공공 유통 경로에 요구되었던 두 가지 핵심 목표, 즉 '산지의 농산물을 최소한의 비용으로 소비지에 공급한다'와 '도매시장을 필요로 하는 모두에게 열려 있는 거래 시스템과 동일한 규칙 및 동일한 거래 기회를 제공한다'를 달성하는 데 나름의 성과를 거두어왔다는 것이 대다수 전문가의 의견이다.

물론 개선해야 할 문제점도 적지 않았다. 10년 전 '농산물 유통구조 개선 종합대책'에서는 ① 효율성이 낮은 유통구조 유통경로 간 경쟁 부족, 유통 단계별 비효율에 기인한 높은 유통비용, ② 높은 가격 변동성 주요 품목 수급 관리 미흡 및 경매제의 경직성에 기인한 가격의 불안정성, ③ 산지-소비지 가격의 비연동성 가격의 비대칭성이 해결해야 할 3대 과제로 제시되었다. 그리고 이번에 발표한 '농산물 유통구조 선진화 방안'에서는 ① 산지 대응 역량 미흡 다수의 중소 규모 APC에서 수집 후 도매시장을 거쳐 분산되는 복잡한 경로, ② 비효율적 물류체계 농산물의 수도권 시장 집중 및 역물류 발생, ③ 유통정보 활용 기반 미비 등이 해결해야 할 3대 과제로 제시되었다.

필자는 여기에 더해 농산물 소비 트렌드 및 사회적·기술적 환경 변화를 반영하여 전후방 가치사슬의 변화를 견인하는 중간 유통기구로서 도매시장의 역할이 제한되어온 것 역시 매우 중요한 해결 과제라고 생각한다. 즉 도매시장 건립 당시의 비차별적인 원물元物 중심의 농산물 수요가 차별적인 친환경, 전처리, 소포장 농산물 수요 등으로 바뀌고 소비 패턴도 빠르게 변화하는 등 농식품 유통 환경에 대한 대응 요구가 점차 커지고 있으나, 이러한 효용 부가 활동을 촉진하는 시장 조성 기능은 초기 단계에서 크게 발전하고 있지 못한 것이다.

그렇다면 농산물 온라인 도매시장은 무엇이며, 어떻게 작동하고, 어떤 메커니즘으로 산적한 문제를 해결하여 유통을 효율화하고 농산업 전체의 디지털 전환을 촉진할 수 있을지 자세히 살펴보자.

온라인 도매시장은 기존 32개의 오프라인 공영 도매시장에 이어 사이버 공간에 만들어지는 33번째 농산물 공영 도매시장이다. 기존 32개 오프라인 도매시장을 온라인 시장으로 전환하는 것이 아니라, 새로운 전국 단위 온라인 도매시장을 만들어 기존 도매시장들과의 상호 작용을 통해 온오프라인 통합 시장으로 진화하는 양손잡이 전략이라고 할 수 있다.

전술한 바와 같이 가락시장이 개장한 1985년 이래로 한국의 농산물 유통 생태계 산지유통, 도매유통, 소매유통 는 공영 도매시장에 대한 강한 경로 의존성[20]을 축적하여왔다.[21] 따라서 기존 공영 도매시장을 대체하는 방식의 공공 유통 경로 구축은 막대한 전환 비용을 수반하여 실효성을 갖기 어렵다. 이러한 현실을 반영하여 기존 경로를 유지한 채 추가적인 경로를 창조하여 결합함으로써 미래의 온오프라인 통합 유통 경로로 경로 진화를 유도하려는 정책적 선택이 가능하다. 즉 기존 오프라인 유통 경로를 새로운 온라인 경로로 전면 대체 path replace 하는 전략이 아니라 온라인 경로를 추가하여, 두 경로가 상호 작용하며 급속한 혁신 과정 quantum jump 에 진입하도록 유도하는 경로 창조 path creation [22] 전략이 필요하다.

참고로 세계 주요국들은 공통적으로 농식품 유통의 효율화를 위하여 발전된 정보통신기술을 유통에 융합하는 전략을 추진하는 중이며, 특히 농식품 도매유통의 경우는 각국의 상이한 환경과 기존 도매유통 경로의 발전 과정에 따라 다양한 유형으로 온라인화를 진전시키고 있다.

출범 단계에서 한국의 농산물 온라인 도매시장은 다음 표의 2번 유형인 '도매시장의 온라인화'에 가까운 유형으로 판단되나, 향후 주산지 거점 스마트 APC 사업 등이 진전되면 1번 유형인 '출하 경매장의 온라인화'와 3번 유형 '생산-출하 결합 방식' 등이 모두 융합된 형태로 발전할 것으로 예상된다. 일본의 오타 화훼시장 모델은 2번 유형에 속한다. 오타 화훼시장은 단일 시

도매유통 온라인화 유형

출하 경매장의 온라인화

산지 생산자협동조합 연합체가 운영하는 산지 출하 경매장을 온라인 경매장으로 전환하여 운영하는 사례

예) 프랑스 브르타뉴
벨기에 벨로타

01

도매시장의 온라인화

중추적 유통 경로 역할을 수행하던 도매시장을 온라인 시장으로 전환하여 운영하는 사례

예) 일본 오타 화훼시장
네덜란드 플로라 홀랜드

02

생산-출하 결합 방식

대다수 생산자가 연결되어 있는 디지털 농업 플랫폼에서 제공되는 해당 작물의 출하경로별 유통시세에 따라 출하

예) 네덜란드 렛츠그로우 플랫폼

03

민간 유통 플랫폼의 수직계열화

시장 지배력을 확보하고 있는 민간 유통 플랫폼이 농민들에게 스마트 생산 시스템을 제공하고 생산된 농산물을 자사 플랫폼에서 유통

예) 중국 징둥농푸
중국 ET 농업브레인

04

유통 주도

생산자 주도

장, 단일 위탁판매자 도매법인와 중도매인, 매참인의 거래를 온라인으로 전환하여 구매자 간의 경쟁을 촉진한 경우라고 볼 수 있다. 이에 비해 한국의 온라인 도매시장 사업 모델은 전국 단위의 판·구매자 간 경쟁을 촉진하는 통합 시장 모델이라는 것이다. (경쟁 촉진 메커니즘에 대해서는 뒤에서 좀 더 자세히 설명하겠다.)

이러한 측면에서 보면 한국의 모델은 인도의 온라인 도매시장 ReMS와 e-NAM[23]에 좀 더 가깝다고 할 수 있다. 그러나 인도의 도매시장은 우리나라와 다르게 도매상 1970년대 한국 유사 도매시장의 위탁상과 유사한 형태로 판단되는 방식이기 때문에 작동 메커니즘에서 차이가 크다. 결국 한국의 온라인 도매시장 모델은 굳이 유형화하자면 온라인상에 33번째 도매시장을 만든다는 측면에서는 2번 유형에 가까워 보이지만 시장의 범위와 경쟁 방식 측면에서는 완전히 다른 모델이며, 중장기적으로는 정부의 산지유통 거점화·규모화 정책과 맞물려 산지의 출하 선택권과 가격 교섭력을 끌어올리는 방향으로 발전할 것으로 전망된다.

출범 초기 단계에서 온라인 도매시장의 거래를 주도할 주체는 현재 청과 유통의 50퍼센트 이상을 점유하고 있는 도매유통인 도매법인, 중도매인, 매참인 등이 될 수밖에 없다. 기존 오프라인 도매시장 거래의 일정 부분 이상을 온라인 도매시장 거래로 전환하지 못하면 온라인 도매시장의 활성화를 위한 임계 거래량을 확보하기 어렵기 때문이다. 이에 따라 출범 단계 모델에서 운영 방향은 초기의 혼란을 최소화하고 원활한 대량 도매거래를 촉진하기 위하여 기존 오프라인 운영 시스템을 상당 부분 준용할 전망이다. 물론 도매 단계의 경쟁을 제한하는 모든 규정은 온라인상에서는 적용되지 않는다.

본격적으로 농산물 온라인 도매시장 모델에 대해 설명하기에 앞서 현재 오프라인 농산물 도매시장 운영 방식에 대해 간단히 살펴보자. 도매시장의 거래 방식은 경매와 정가·수의매매이며, 80퍼센트 이상의 거래가 경매로 이루어진다. 농민출하자이 도매법인에 농산물의 판매를 위탁하면 도매법인은 경매를 통해 중도매인에게 상품을 넘기고, 이는 다시 소비지유통에 판매된다. 도매법인은 경매된 금액에서 정해진 비율을 받는 수수료 주체이므로 보다 높은 가격을 형성하려고 노력한다. 중도매인은 소유권을 이전받는 차익 주체이기 때문에 십 원이라도 싸게 사려고 노력한다. 도매법인과 중도매인의 경매는 공개된 장소에서 이루어지므로 가격 발견의 투명성이 높은 것이 가장 큰 장점이라고 할 수 있다.

농산물 온라인 도매시장은 산지유통과 도매유통을 온라인으로 연결하여 대량 도매하는 시장품목 도매관과 도매유통과 소매유통 간의 효율적인 소량 도매를 지원하는 식재료관으로 구성된다. 식재료관은 품목 도매관의 활성화에 따라 단계적으로 추진될 것이므로 품목 도매관을 중심으로 살펴보도록 하겠다.

온라인 도매시장의 고객은 판매 고객, 구매 고객, 내부 고객운영자으로 나눌 수 있다. 먼저 판매 고객은 품목 도매관에 상품을 등록하여 정가, 입찰, 예약, 발주 등 다양한 거래 방법으로 판매할 수 있는 고객이다. 직접 판매자인 산지출하 조직APC, 농협, 산지유통인 등과 위탁판매자인 도매법인, 그리고 매수판매자인 시장도매인으로 구성된다. 구매자 보호를 위해 직접 판매자는 심사를 통해 품질 관리 역량, 물류 역량, 경영 역량 등 일정 수준 이상의 자격을 갖춘 산지출하 조직에 자격을 부여하며, 기존 도매시장 유통인도매법인, 시장도매인의 가입은 의제처리된다. 구매 고객의 경우 기존 도매시장 유통인중도매인, 매참인의 가입은 의제처리되며, 대량거래에 참여할 수 있는 모든 수요처에 열려 있다.

다음은 농산물 온라인 도매시장의 정산 방식 및 물류 지원 체계에 대해 간단히 살펴보자.

대금 정산의 경우 판매대금의 안정적인 수취를 보장하는 것을 전제로 구매자의 편의성을 고려하여 다양한 정산 방식을 제공한다. 구매자는 부동산, 신용보증서, 예적금, 보증보험증권 등 다양한 담보를 온라인 도매시장 통합정산소에 제공하고 담보 범위 100퍼센트 내에서 여신을 제공받아 거래에 참여할 수 있다. 이 경우 15일간 무이자 혜택이 제공되며 이를 초과하면 연체이자가 부과된다. 기존 오프라인 도매시장의 개별 약정_{도매법인}이 중도매인 등에게 제공한 개별 여신도 사용할 수 있으며, 현금 납부 등 즉시 결제 방식도 당연히 가능하다. 이와는 별도로 온라인 거래 구매자금에 대한 융자 지원도 검토되고 있다.

물류의 경우, 출하주에 의한 직배송을 기본으로 하되 물류 전문 플랫폼 업체의 빅데이터 분석을 통한 실시간 운송 거래 추천 및 위치 추적 서비스 등이 제공될 예정이다. 또 장기적으로는 산지 및 소비지에 물류 거점을 설립함으로써 농산물 물류비용을 보다 효율화하는 방안도 검토되고 있다.

농산물 온라인 도매시장의 유통효율화 메커니즘

이상에서 농산물 온라인 도매시장이 무엇인지, 어떻게 운영되는지 간단히 살펴보았다. 이제 온라인 도매시장이 어떤 메커니즘으로 도매유통을 효율화하는지 살펴보자.

유통은 거래의 흐름인 상류商流, 물건의 흐름인 물류物流, 정보의 흐름인 정류情流로 구성된다. 유통의 효율을 끌어올리기 위해서는 상류, 물류, 정류 프로세스 각각과 그 총합의 유기성을 증가시켜야 한다. 그런데 자본주의 시스템에서 프로세스의 효율은 두 가지 경우에만 증가한다. 한 가지는 기술의 진보이고, 다른 한 가지는 경쟁의 촉진이다.

후자를 먼저 살펴보자. 기존 농안법[24] 체제하의 공영 도매시장에서는 다음과 같은 경쟁의 제한이 있었다. 첫째, 도매법인에 대한 관행적 소속제[25] 아래서 동일한 도매시장 내 도매법인 간 경쟁, 중도매인 간 경쟁이 제한되어왔으며, 동일 권역을 벗어난 도매시장 간 경쟁도 마찬가지로 제한되어왔다. 온라인 도매시장의 출범으로 이러한 장벽이 철폐되면 기존 도매유통 주체들 간의 경쟁이 가속화하고, 이로 인해 기존 유통 경로 간 경쟁이 촉진될 것이다.

이해를 돕기 위해 그림 A를 살펴보자. 산지유통조직은 물류 효율, 친분 관계 등을 고려하여 다수의 도매법인과 거래하기보다는 권역별로 주거래 도매법인에 출하를 한다. 산지유통❶

〈그림 A〉관행적 소속제 및 권역 확대로 인한 경쟁 구조 변화

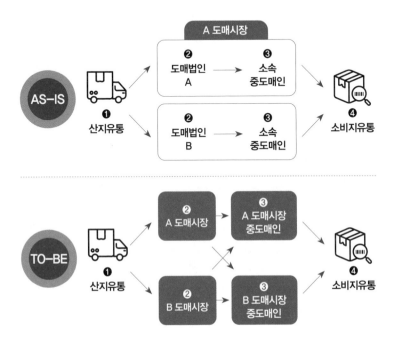

온라인 도매시장 출범으로 인한 기존 오프라인 도매유통 경로 변화

이 A 도매시장의 A 도매법인❷에만 출하하는 경우를 가정해보자. 현재는 그 상품의 경매가 벌어지면 A 도매법인의 관행적 소속 중도매인❸과 매참인만 거래에 참여하여 가격이 결정된다. A 도매법인에 관행적으로 소속된 중도매인들이 확보하고 있는

품목별 소비지 구매 고객❹은 한정되어 있기 때문에 중도매인의 분산 능력도 한정될 수밖에 없어서 좋은 상품을 출하해도 소속 중도매인들의 분산 능력을 초과하는 물량이 상장되면 제 가격을 받지 못하는 경우가 빈번하다. 동일한 상품을 동일한 날짜, 동일한 시장에 분산 출하하였는데 도매법인별로 농가 수취가가 20~30퍼센트까지 차이가 발생하여 소위 짜고 친 게 아니냐는 산지의 원성이 종종 터져 나오는 이유다.

그런데 온라인 도매시장에서는 산지유통❶이 A 도매시장의 A 도매법인❷에게만 출하하는 경우에도 A 도매법인 소속 중도매인뿐만 아니라 동일 시장 내 B 도매법인 소속 중도매인❸ 그리고 전국 도매시장의 중도매인과 매참인이 모두 거래에 참여할 수 있게 된다. 당연히 경쟁이 촉진되고 제 가격을 발견하지 못하는 경우가 줄어들 것이다. 최근 일본의 동향과 유사하게 수집 및 가격 발견 기능이 약한 지방 도매시장은 농산물의 지역 공급기지 등으로 기능 재정립이 가속화될 수도 있을 것이다.

둘째, 기존 농안법 내에서 수집 주체와 분산 주체로 엄격하게 제한된 역할만 수행하던 도매법인과 중도매인 등 도매유통 주체들의 영역 제한이 온라인 도매시장에서 폐지도매법인의 제3자 판매 금지. 중도매인의 직접 집하 금지됨으로 인해서 도매법인과 중도매인들은 각각 수집과 분산을 일치시키는 새로운 유통 경로 거래에 진출하여 경쟁하게 될 것이다.

그림 B의 첫 번째 경로가 도매법인이 기존 중도매인의 분산 기능을 흡수하여 수행하는 경로로 주로 장외 대량 수요처와의 사전협의발주거래를 통해 산지에 적시, 적가, 적품, 적량 농산물

〈그림 B〉 농산물 온라인 도매시장에서 새롭게 생성되는 경로

농산물 온라인 도매시장 출범으로 추가되는 새로운 도매유통 경로

출하를 요청하고 이를 위탁받아 판매하는 경우이다. 이러한 거래가 활성화되면 일차적으로는 중도매인의 유통마진통상 10퍼센트이 사라져 그만큼 유통비용이 줄어드는 효과는 물론, 당일 수급 상황에 따라 가격이 오르내리는 가격 변동성이 완화되어 농가의 수취가 안정화되는 부가 효과도 기대할 수 있다.

그림 B의 두 번째 경로는 중도매인이 기존 도매법인의 수집 기능을 흡수하여 수행하는 경로로 중도매인이 기존에 보유하고 있는 소비지 거래처가 필요로 하는 농산물을 다양한 산지유통으로부터 맞춤 조달하는 거래이다. 이러한 거래가 활성화되면 일차적으로는 오프라인 도매법인 위탁수수료5.75퍼센트, 2021년 통계연보 기준가 사라져 그만큼 유통비용이 줄어든다. 또한 소비지 거래처소비지유통의 니즈가 보다 구체적이고 효과적으로 산지에 조달되어 맞춤 상품화가 활성화될 것으로 예상된다.

그림 B의 세 번째 경로는 산지유통과 소비지유통 간의 직거래 유통 경로이다. 이 경로에서는 도매법인의 위탁수수료와 중도매인의 유통마진이 모두 사라져 약 15.75퍼센트의 유통비용 감소 효과를 기대할 수 있다. 이론적으로만 보면 기존의 '❶-❷-❸-❹' 거래가 이른 시일 내에 '❶-❹' 거래로 전환될 것처럼 보이지만 현실적으로는 '❶-❹' 거래가 활성화되기 위해서는 상당한 노력과 시간이 필요할 것이다.

기본적으로 농산물은 상품의 균등화와 선도 유지가 어려운 상품이다. 그래서 구매자가 직접 눈으로 확인하고 시식해보지 않으면 제값에 판매하지 못할 리스크가 크다. 판매자 입장에서도 정확한 품위의 농산물을 온라인 도매시장에 등록하여 판매하고 배송했는데 인수 시점에 구매자가 클레임을 걸어 인수를 거부하면 막대한 손실을 볼 수 있다. 소매에 비해 상대적으로 거래 금액이 매우 크기 때문에 판·구매자가 감당해야 할 리스크 또한 매우 크다. 농식품의 온라인 B2C 시장이 급속도로 커짐에도 불구하고 온라인 B2B 시장이 매우 더디게 성장하고 있는 이유도 여기에 있다.

사실 현재도 자동화된 비파괴 선별기와 저온저장고 등 높은 수준의 품질 관리 시스템을 갖춘 규모화된 산지유통들은 공선출하된 농산물을 중심으로 소비지 대형 유통들과의 직거래를 지속적으로 늘려왔으나, 그로 인한 부작용도 만만치 않다. 온라인 플랫폼 유통과 전통적인 대형 유통들의 경쟁이 격화하면서 소비지 대형 유통들은 수시로 산지유통에 프로모션 납품 등 할인 행사를 위한 저가 납품을 요구한다. 주로 가장 좋은 상품을 정성껏 선별 포장하여 납품하는데도 일부에서 작은 흠결만 발생해도 클레임을 걸어 전량을 반품해버리는 등 소위 '갑질'도 더욱 심해지고 있다.

'❶-❹' 거래가 활성화되기 위해서는 두 가지 조건이 선행되어야 한다. 첫 번째는 직접 상품을 눈으로 확인하거나 시식하지 않아도 등록된 상품 정보만으로 거래할 수 있는 정도의 상품화선별·포장 역량을 산지가 갖추어야 한다는 것이다. 이에 따라 현재 농식품부가 추진 중인 거점 스마트 농산물 유통센터APC 구축 사업의 진전이 산지-소비지 간 직거래 유통 경로 활성화의 중요한 변수로 작용할 것이다. 두 번째는 판·구매자 간의 신뢰이다. 아무리 고도화된 선별기를 활용한다 하더라도 농산물의 특성상 상품 정보의 객관적 표준화는 쉽지 않다. 그러므로 거래 당사자 간의 암묵적 합의가 필요하며, 이를 위한 상호 간 신뢰가 전제되어야 한다.

실제 지난 몇 년간 운영되어온 농협 온라인 거래소의 사례를 하나 살펴보자. 우리나라 사과의 대표적인 산지유통조직 중 하나인 C원예는 온라인 거래소에서 주로 정가 거래로 농협공판장 중도매인들에게 사과를 판매해왔다. 과일을 주로 취급하는 중도매인들은 밤 12시 전후에 출근하여 밤새 새벽형 과일을 경매받고, 이후 아침형 과일을 경매받아 거래처에 납품하고 점심

시간 무렵에 퇴근하는 식으로 업무를 처리한다. 사과는 아침 경매[26]를 하는 품목이다. 거래처의 익일 주문은 주로 납품 시점에 이루어지는데, 농협 온라인 거래소에 참가하는 과일 중도매인들은 점심시간 무렵에 이루어지는 온라인 거래소의 정가 거래에서 사과를 미리 구매한다. 통상적으로 정가 거래 가격은 전일 또는 전주의 평균 경매가를 기준으로 정해지는데, 문제는 다음 날 새벽 사과 경매장에 사과가 통상보다 많은 양이 출하되어 가격이 폭락하는 경우였다.

사과는 가을에 한 번 수확하여 1년간 저장하면서 판매하는 상품이므로 어제와 지난주 사과가 오늘과 이번 주의 사과 품질과 거의 일치한다고 볼 수 있다. 그런데도 일부 중도매인들이 전일 정가로 구매한 사과의 금일 경매가가 낮아지면 오프라인 경매에 참여하여 납품할 상품들을 확보하고, 온라인으로 구매한 사과 품질에 문제가 있다고 클레임을 걸어 번번이 인수를 거부했다. 이와 반대로 당일 수급 상황에 따라 가격이 결정되는 오프라인 경매에서 가격이 올라가거나 유지되었을 때는 단 한 건의 클레임도 발생하지 않았다. 결국 C원예는 이제 농협 온라인 거래소에 더 이상 참여하지 않는다.

이러한 이유로 농산물 온라인 도매시장 출범 초기에는 기존에 신뢰 관계를 형성하고 있는 도매유통인들이 중개를 하는 '❶ -❷-❸-❹' 거래, '❶-❷-❹' 거래, '❶-❸-❹' 거래가 먼저 활성화될 것으로 전망된다. 산지유통과 소비지유통은 모두 도매법인 또는 중도매인이 중개할 필요가 없을 정도로 상호 신뢰가 형성된 이후에만 '❶-❹' 거래로의 전환을 추진할 것이다. 그럼에도 불구하고 온라인 도매시장이 활성화되고 거래 데이터가 축적되면 산지-소비지유통 간 비대칭 정보가 해소되어 거래비용 Transaction Cost[27]은 지속적으로 감소할 것이고, 장기적으로 〈그림 A〉의 1·2번 유통 경로의 거래 물량 중 일정 비율은 3번으로 전환될 가능성이 크다.

이상에서 설명한 농산물 온라인 도매시장 출범의 기대 효과는 얼마나 될까. 가치사슬의 관점에서 온라인 도매시장 출범은 '산지유통-도매유통-소비지유통' 간의 상호 의존적인 협업 활동을 좀 더 효율적으로 수행할 수 있도록 함으로써 다음과 같은 경쟁우위를 창출하는 역할을 수행할 것이다.

첫째, 기존의 농식품 유통 프로세스를 더욱 투명하고 정밀하게 다듬어 거래비용을 절감하는 한편, 비효율적 프로세스를 제거하거나 효율적으로 전환함으로써 유통비용을 감소시킬 것이다.

둘째, 농식품 소비 및 유통 트렌드 변화에 대한 정보가 더욱 신속하고 효과적으로 수집되어 산지에 전달됨으로써 농식품의 적시, 적량, 적가, 적품 생산을 유도할 것이다.

셋째, 농식품의 다양한 상품 정보, 생산자 정보, 유통 경로 정보 등이 디지털화됨으로써 유통 단계 간 정보 공유가 강화되고, 우리 농식품의 신뢰성 및 차별성이 두드러질 것이다.

여기에 더해 필자는 온라인 도매시장이라는 새로운 유통 경로 출현이 농가 인구 감소와 고령화 등으로 절체절명의 위기에 빠진 우리 농업 산지들의 거점화, 규모화 출하를 촉진하고 대형 유통의 횡포에 맞서 출하 선택권과 교섭력을 강화하는 방향으로 작동할 것을 절절하게 기대하고 있다.

학계와 도매유통인 일부에서는 산지유통은 몰라도 도매유통만큼은 정부의 개입을 최소화하고 그냥 시장에 맡겨두는 것이 옳다는 주장을 제기하기도 한다. 물론 온라인 도매시장을 포함하는 디지털 전환을 통한 도매유통 효율화의 변화 동인動因은 일차적으로 도매시장법인과 중도매인 등 도매시장 유통 주체의 자발적이고 지속적인 이윤 추구 노력에서 찾아야 한다. 그러나 자생적으로 태동한 것이 아니라 정부에 의해서 계획되어 정부 재원으로 건립되고 관리되어온 독특한 특성을 가진 한국의 공영 도매시장 상황을 고려하면 정부의 도매유통 정책 또한 매우 중요한 변화 동인이라고 할 수 있다.

특히 도매유통의 디지털 전환은 도매유통 주체들의 최적화 뿐만 아니라 유통 데이터 생성과 수집을 공유하는 도매시장 전후방 생태계 전체의 정보사슬Information Chain 최적화가 동시에 추진될 수밖에 없기 때문에 다양한 이해 당사자들의 요구를 조정할 수 있는 정부 주도의 발전 경로 설정이 불가피하다.

전술한 바와 같이 한국의 농업·농촌은 농가 인구 감소와 고령화, 기후변화로 인해 일상화된 자연재해, 농산물 완전 개방에 따른 수입 증가 등 내외부 환경의 급격한 변화로 중대한 변혁의 시기에 직면해 있다. 환경 변화에 대응하여 빠르게 혁신하지 못하면 한국 농산업의 기반 자체가 급속히 붕괴할 수도 있는 위기 상황이다.

앞서 필자는 가장 오래된 첨단산업 농업은 다른 첨단산업들과는 다르게 항상 인류가 필요로 하는 만큼의 속도와 이를 위한 적절한 수준의 진보를 채택해왔다고 주장했다. 그리고 최근 20여 년간 세계 농업에 요구된 진보는 지난 1만여 년간 누적적으로 요구된 만큼에 필적한다. 즉 매 1년마다 과거 500년간 일어났던 진보를 달성해야 했다는 것이다. 결과는 어떠한가? 같은 기간 세계 농업은 농업 부문 종사자가 40퍼센트에서 27퍼센트로 급감하였는데도 불구하고 주요 작물과 육류 생산량을 각각 50퍼센트, 47퍼센트 증가시키는 데 성공했다. 특히 주목해야 할 것이 유럽이다. 농업 노동력의 질 저하고령화는 차치하고, 농업 부문 종사자가 2000년 3,500만 명에서 2019년 1,900만 명으로 47퍼센트나 급감하였음에도 불구하고 유럽연합은 디지털 전환을 통한 혁신으로 농업을 지속 가능한 미래산업화하는 데 성공했다. 네덜란드 같은 나라에서는 농민이라고 하면 일단 고소득자라는 인식이 보편화되고 있다고 한다.

중국은 어떠한가? 조정래 작가의 《정글만리》에는 다음과 같은 구절이 나온다. "중국이 마술을 부리듯 G2가 된 것은 공산당이 정치를 잘해서가 아니었다. (중략) 2억 5천만여 명의 농민공이라는 사람들이 그보다 더 헐값의 돈으로 그들의 솜씨를 판 결과였다." 농민공農民工은 농촌 호적을 갖고 있으면서도 도시 노동자로 일하고 있는 사람을 뜻하는데, 급속한 이촌향도離村向都 현상을 막으려고 중국 정부가 도시/농촌 분리 호적제를 시행하며 대거 발생했다. FAO나 중국의 통계는 이보다 적지만 어마어

마한 농업 인구가 세계의 공장인 중국 제조업으로 흡수된 것은 명약관화한 사실이다. 그래서 중국 농업이 위축되었는가? 농업의 스마트화를 위한 중국 정부의 적극적인 정책과 함께 중국을 대표하는 세계적인 공룡 IT 기업들의 투자가 맞물려 그야말로 세계 스마트 농업을 선도하는 농업 강국으로 떠올랐다.

우리 농업도 지속 가능한 미래산업으로 변모할 수 있는 골든 타임을 맞이하고 있다. 조금 더 빨랐으면 좋았겠지만 지금도 너무 늦지는 않았다. 문제는 우리 사회 전반에 농업 혁신에 대한 총의_{consensus}가 아직 부족하다는 것이다. 농업 혁신을 위한 정부와 민간의 충분한 투자 유인은 물론, 혁신을 주도할 젊은 인재들의 유입도 많이 부족한 형편이다. 심지어 농업 디지털 혁신에 대한 현장 농업인과 유통인들의 수용성도 부족하다. 그렇다면 도대체 어디에서부터 혁신의 동력을 만들고 확장하여야 할 것인가?

판을 바꾸어야 한다. 생존을 위해서는 혁신할 수밖에 없도록 경쟁의 구조를 바꾸어야 한다. 자본주의 시스템에서 혁신은 오로지 두 가지 경우에만 발생한다. 한 가지는 혁신적인 기술 범용화이고, 다른 한 가지는 경쟁의 촉진이다.

한국은 정보통신기술 강국이다. 이미 농업 생산 현장과 유통 현장에 적용 가능한 혁신기술을 단기간에 창출할 만한 충분한 기술력을 가지고 있다. 먼저 혁신기술이 빠르게 현장에 확산될 수 있도록 정책적 지원과 제도적 인센티브 설계가 필요하다. 스마트 APC 100개소 구축 사업과 스마트 물류허브 구축 사업이 그것이다.

동시에 생산과 유통 주체 간 경쟁을 보다 촉진할 수 있는 제도 개선이 필요하며, 가장 빠른 혁신이 요구되는 것이 산지의 변화를 견인할 수 있는 도매유통 단계의 경쟁 촉진이다. 농산물 온라인 도매시장 출범과 전자 송품장 도입이 대표적인 사업이 될 것이다.

1993년 노벨경제학상 수상자인 더글러스 노스Douglass C. North 교수는《제도·제도변화·경제적 성과》에서 "제도란 사회에 적용되는 게임의 법칙이다. 좀 더 딱딱하게 표현하면, 그것은 인간이 고안한 제약으로 인간 사이의 상호 작용을 구체화한다. 따라서 제도는 정치적, 사회적, 경제적 그리고 어떤 것이든 인간의 교환에서의 인센티브를 구조화한다. (중략) 제도는 교환비용과 생산비용에 영향을 미침으로써 그 경제의 성과에 영향을 준다. 사용된 기술과 함께, 제도는 총비용을 구성하는 거래비용과 변환비용을 결정한다"라고 주장하였다.

2023년 1월 농림축산식품부는 '농산물 유통구조 선진화 방안'을 내놓으며, 한국 농산업의 지속 가능성을 확보하기 위해 향후 10년간 한국 농산물 유통을 혁신하겠다고 선언했다. 이는 새로운 판 짜기를 제시한 이정표이다. 판이 바뀌면 게임의 룰과 경쟁 구조가 바뀐다. 혁신하는 유통 주체에는 기회가 되고 현상에 안주하려는 유통 주체에는 위협이 될 것이다. 한 가지 확실한 것은 바로 지금이 한국 농업이 디지털 전환이라는 혁신 급행열차에 탑승할 수 있는 마지막 골든 타임이라는 사실이다.

부록

세계 주요 선진국의
데이터 경제 정책

경제협력개발기구OECD에서는 주요 국가의 디지털 정책 추진 현황에 대한 보고서[1]를 통해 "OECD 국가들은 성공적인 디지털 전환을 위해 디지털 혁신 정책을 수립·시행 중이며 기업, 공공 연구, 과학·산업 간의 연계를 지원하는 디지털 혁신 정책은 디지털 전환의 다섯 가지 당면과제를 해결하는 데 핵심적인 역할을 수행"[2]하고 있다고 평가했다.

또 공통적으로 별도의 '디지털 혁신 이니셔티브'와 '인공지능 전략'을 수립하여 추진하고 있다고도 분석했다. 먼저 디지털 혁신 이니셔티브는 디지털 신기술을 사회·경제 전반에 빠르게 도입하여 디지털 혁신으로 발생하는 혜택을 모든 사회 구성원

OECD 국가들이 마주한 디지털 전환의 다섯 가지 당면 과제

당면 과제	주요 내용
① 역량 부족	새로운 디지털 기술을 도입하거나 혁신을 위한 조직을 변화시키는 데 필요한 역량 부족
② 시장 실패	지식재산권 문제, 규모의 경제 및 네트워크 효과 증가, 데이터 접근 관련 법·제도의 한계 등으로 인한 시장 실패 발생
③ 혁신 기업의 장벽	금융 지원, 연구기관의 지원 등 혁신을 위한 지원 인프라가 부족하여 혁신 기업의 성공을 방해
④ 생산적 투자 저해	디지털 제품 및 새로운 비즈니스 모델에 대한 규제의 불확실성이 기업의 투자를 저해
⑤ 협력 부족	혁신 창출의 이익 및 동기의 불균형으로 혁신 생태계 내에서의 네트워크 형성 및 협력 부족

출처: OECD, "The Digital Innovation Policy Landscape in 2019", Abc lab 연구진 정리

이 함께 누릴 수 있도록 확산하는 것을 의미한다. 이를 특별히 강조하는 이유는 디지털 기술이 매우 빠르게 발전하는 데 반하여 정보, 자원, 전문가 부족으로 사회 구성원 간 대기업과 중소기업, 첨단산업과 전통산업 등의 디지털 전환 속도가 벌어지면서 경제적 격차도 커지는 부작용이 발생하기 때문이다.

두 번째로 강조하는 것이 인공지능 전략이다. 사실 인공지

능과 빅데이터는 불가분의 관계이다. 빅데이터가 없는 인공지능은 무용지물이며, 빅데이터가 연료라면 인공지능은 엔진이라고 비유할 수 있다. 따라서 OECD 주요국들 또한 데이터의 생산·수집과 함께 이를 보다 효과적으로 분석·활용하기 위한 인공지능 발전 전략도 동시에 추진하고 있는 것이다.

OECD 보고서의 경우와 마찬가지로 세계 주요국 데이터 경제 추진 정책도 기술적 인프라 측면에서는 데이터를 생산·수집·공유하는 빅데이터 구축 영역과 이를 분석·활용하기 위한 인공지능 영역으로 대별할 수 있다. 다만 필자는 주로 데이터를 생산·수집·공유하는 빅데이터 영역에 주안점을 두려고 한다. 농업 부문 데이터 경제 촉진을 위한 정책적 함의가 전 산업의 데이터 경제에서 공통적으로 활용될 인공지능보다는 농업 관련 데이터의 생산·수집·공유의 영역에서 주로 발견될 것이기 때문이다.

미국의 데이터 경제
추진 현황

지난 한 세기 동안 세계 경제 질서를 주도해온 미국은 도래하는 데이터 경제 시대에도 가장 앞서고 있다. 다른 주요국들에 비해 상대적으로 개인정보 활용이 용이한 환경에서 민간 주도로 데이터의 생성·수집·거래·가공·분석이 활발하게 이루어져왔다는 점이 두드러지는 특징이다.

데이터 거래도 활성화되어 있어서 소비자의 개인정보를 수집하여 제3자에게 판매하는 민간 기업 중심의 데이터 브로커Data Broker 시장 규모가 이미 3년 전에 200조 원 규모를 넘어섰다.[3] 전세계 7억 명의 소비자 정보가 담긴 데이터베이스를 보유하고 빅데이터 분석을 통해 오바마 대통령의 재선을 도운 것으로 알려진 액시엄Acxiom을 비롯해 이뷰로eBureau, 코어로직Corelogic, 데이터로직스Datalogix 등 쟁쟁한 데이터 브로커 기업들이 모두 미국 기업이다. 또 데이터 브로커는 아니지만 방대한 데이터 생태계를 구축하고 데이터 경제 시대를 주도하고 있는 대표적 IT 기업 상당수가 마찬가지로 미국 기업이다.[4]

미국 정부 또한 일찍부터 데이터를 '21세기의 석유'라고 인식하고, 데이터 산업 육성 지원 정책을 펼쳐왔다. 2012년 3월 '빅데이터 이니셔티브BigData Initiative, BDI' 발표를 시작으로 데이터 산업 육성 지원을 본격화했다. 2016년 5월, '연방 빅데이터 R&D 전략계획The Federal Big Data Research and Development Strategic Plan'을 거쳐 2020년 1월 '연방 데이터 전략Federal Data Strategy, FDS'으로 국가 데이터 경제 추진 방향을 구체화하였다.

미국의 경우는 데이터 정책을 전담하는 부서를 별도로 설립하지 않고, 그 대신 주요 정부기관이 각각의 최고데이터책임자 Chief Data Officers, CDO를 두고 있다. 각 기관의 CDO들이 모이는 범정부 차원의 '최고 데이터책임자 위원회 CDO Council'가 2018년에 설립되어 연방정부의 데이터 정책을 주도하게 되었다.

'연방 데이터 전략 2020'은 3개의 전략 목표① 데이터 거버넌스 구축 ② 데이터 인프라 개발 ③데이터 인력 양성와 10개 원칙 및 40개의 모범 사례, 20개 과제로 구성되었다. 모든 연방정부 기관 및 산하 기관은 매년 시행 계획 수립을 통해 미국 연방 데이터 전략을 이행해야 한다.

EU의 데이터 경제
추진 현황

EU는 지난 2014년부터 데이터 경제의 중요성을 인식하고, EU 내 데이터 산업 육성은 물론, 데이터 활용을 통해 지속 가능한 경제 발전을 이루기 위한 정책 수립 및 법제화를 추진해왔다.

EU 집행위원회 European Commission, 이하 EC는 2015년 5월 디지털 단일

시장 전략A Digital Single Market Strategy for Europe 을 발표했다. 정책안은 데이터 단일시장Europe Data Space 구축을 주요 내용으로 하는 유럽 데이터 전략European Strategy for Data 과 인공지능 기술의 윤리적 이용을 강조하는 인공지능백서White Paper on Artificial Intelligence 로 구성되었다.

　EU 데이터 경제 활성화 전략의 핵심은 EU 역내에서 발생하는 데이터가 27개 회원국, 시민, 기업, 연구기관 및 공공기관 모두에 공정하게 공개되는 데이터 단일시장을 구축하는 것이다. 이를 위해 먼저 27개 회원국 간의 상이한 데이터 규범 및 정책 표준화를 추구해 '유럽 단일 데이터 공간single European data space'을 구축하는 것을 최우선 과제로 삼았다. 산업 혁신과 경쟁력의 원천이 되는 전 세계의 데이터는 기하급수적으로 늘어나고 있다. 사실상 소수의 미국 공룡 IT 기업들이 EU 국민의 데이터는 물론 전 세계 사용자들의 데이터를 독과점하고 있는 상황에서, EU의 데이터 주권을 지키고 데이터 경제 시대의 주도권을 잡기 위한 추격전의 인프라를 조성하는 데 의의가 있다. 특히 EU는 경제·산업에 파급 효과가 크고 공익에 기여할 수 있는 9개 부문제조업, 환경, 모빌리티, 보건, 금융, 에너지, 농업, 행정, 인력 양성을 선정하여 단일 데이터 공간 구축을 적극 지원하는 계획을 수립하였다.

　2019년에 출범한 현 EC는 '디지털 시대에 부합하는 유럽'이라는 정책 목표를 실현하기 위해 다음과 같은 3개의 정책안을 제시하였다. '유럽의 디지털 미래'[5]와 'EU 데이터 전략'[6] 그리고 'AI 백서'[7]가 그것이다. 이 중 '유럽의 디지털 미래'는 전반적인 추진 방향을 밝힌 청사진이고, 'EU 데이터 전략'과 'AI 백서'는 EU의 데이터 및 AI 생태계 활성화를 위한 정책 프레임워크이다.

먼저 '유럽의 디지털 미래'에서는 EU의 미래는 데이터에 있으며, 데이터 단일시장 구축을 통해 디지털 경제 주체 간 상호 작용을 촉진하는 디지털 솔루션 프레임워크 정립이 필요함을 명시하고, 유럽 사회의 기본 가치를 존중하며, 모든 인류에게 이익이 되는 디지털 전환을 비전으로 다음과 같은 3대 목표를 제시하였다.[8]

1) 사람을 위한 기술

• 디지털 기술의 개발·배포·활용에 대한 최우선 가치는 사람이며, 디지털 전환을 이끄는 핵심 요소는 EU 회원국 간 협력과 디지털 역량 강화이다.

• EU 디지털 전환의 가장 기본적인 구성 요소는 상호 운용성으로, 디지털 인프라 강화를 위한 전략적 투자가 필요하다.

2) 공정하고 경쟁력 있는 경제

• 데이터 중심의 혁신을 가속하기 위해서 새로운 EU 경쟁법 도입과 강력한 디지털 주권 확립이 필요하다.

• 수집된 데이터가 공공, 민간, 대·중소기업 모두에 공정하게 공개되는 데이터 단일시장을 구축하여 데이터 기반 산업 경쟁력을 강화한다.

3) 개방적·민주적·지속 가능한 사회

• 개인정보 공유와 관리 방법에 대한 투명성 확보를 위해 데이터 접근 권한 및 통제에 대한 규칙을 명확화하여 자발적 공유를 촉진한다.

• EU의 디지털 전환은 자원 및 제품의 재활용을 촉진하는 순환경제 정책과 연계하여 유럽 그린딜과 지속 가능한 개발 목표를 달성한다.

이 같은 목표를 달성하기 위해 '유럽 데이터 전략'에서는 유럽의 글로벌 경쟁력과 데이터 주권을 보장할 데이터 단일시장을 만드는 것을 목표로 설정하였다. 무엇보다 데이터가 경제 성장, 경쟁력, 혁신, 일자리 창출 및 사회 발전 전반에 필수적인 자원이라고 규정하고, EU의 데이터 활용을 촉진하기 위한 EU 단일 데이터 공간 구축을 상술하고 있다.

EU 공동 데이터 공간은 수평적 프레임워크를 보완하여 경제와 사회 모든 영역에서 데이터를 사용하고 공유하는 데 필요한 인프라, 기술 도구와 데이터 관리, 접근, 재사용에 대한 거버넌스 메커니즘을 포함한다.

EC는 2016년 역내 과학기술 데이터 서비스 연계를 위해 유럽 오픈 사이언스 클라우드European Open Science Cloud, EOSC[9]를 공개한 데 이어 9개 중점 분야에 대한 공동 데이터 공간을 구축하기로 합의하였다. 또 EU 전체의 데이터 활용을 촉진함과 동시에 국가의 데이터 주권과 개인정보 보호를 위해 GDPR[10]을 제정하였다. GDPR에서는 개인정보의 가명 처리비식별화 등을 규정하고 있는데, EU 단일 데이터 공간 구축이 서로의 신뢰 속에서 이뤄질 수 있도록 보장하는 안전판 역할을 하는 것이라 할 수 있다.

일본의 데이터 경제 추진 현황

2021년 9월 1일, 일본의 범국가 차원 디지털 전환을 전담할 사령

탑인 디지털청이 출범되었다. 200명의 민간 전문가를 포함해 600명 규모로, 차관급인 디지털감監에는 민간 전문가가 파격 기용됐다.

20세기 소비자 가전 및 컴퓨터 산업의 선두 주자였고, 이미 2000년부터 IT 혁명을 주창해온 일본이지만 코로나19 팬데믹이라는 위기 상황에서 일본은 디지털 후진국의 민낯을 드러냈다. 감염 및 사망자 집계를 위한 정보 수집 체계는 팩스 기반의 수작업으로 이루어졌으며, 감염자 접촉 파악을 위한 스마트폰 애플리케이션은 반년 가까이 작동되지도 못했다.

디지털청의 출범은 이렇게 디지털 후진국으로 전락한 일본 사회 전체를 급속도로 디지털 전환하려는 일종의 배수진이라고 할 수 있다. 디지털청 발족과 함께 기존 정보기술ⅡT 기본법은 '디지털 사회 형성 기본법'으로 대체되고,¹¹ 이에 의거하여 '디지털 사회 형성을 위한 신중점계획'이 수립되었다. 신중점계획이 지향하는 궁극의 목표는 '디지털을 의식하지 않는 디지털 사회의 실현'이다.

디지털청이 출범하면서 발표한 당면 과제는 디지털 정부 추진 50개 항목, 디지털 사회 공통 기반 정비 30개 항목, 의료·산업·과학기술 등 분야별 포괄적 데이터 전략 20개 항목, 관·민의 인재 양성 4개 항목이다.

여기에 더해 중앙부처와 지방자치단체의 시스템 기반을 표준화하여 통일하고 전국 규모의 클라우드 체제 전환을 주도하는 내용이 포함되었다. 향후 사용자 데이터와 연계해 디지털화의 핵심 사업이 될 전 국민 마이넘버 카드 보급을 2022년까지 100퍼센트 완료하는 목표도 제시되었다.

데이터 경제 추진을 위한 일본의 기본 전략은 2017년 5월에 발표한 '세계 최첨단 디지털 국가 선언·민관 데이터 활용 추진 계획世界最先端デジタル国家創造宣言·官民データ活用推進基本計画이다.[12]

사실 2017년의 '민관 데이터 활용 추진 계획' 이전에도 2012년 7월 '전자행정 오픈 데이터 전략', 2016년 12월 '민관 데이터 활용 추진 기본법' 등의 데이터 경제 추진 전략들이 발표되었으나 코로나19로 드러난 상황을 보면 행정 현장의 이행 여부는 불투명하다고 추정된다. 전체적으로 일본 사회 전반의 디지털 전환이나 데이터 경제 추진은 세계 주요국들에 비해 뒤처져 있으며, 그 근간에는 지혜란 데이터가 아니라 암묵지tacit knowledge에서 유래한다는 아날로그적인 사회 분위기가 깔려 있는 것이 아닌가 판단된다.

현재 일본 정부의 데이터 경제 추진 정책은 2021년 6월에 발

표한 '디지털 사회 실현을 위한 중점계획デジタル社会の実現に向けた重点計画'으로 변화하였으며, 그 주요 내용은 ① 디지털 사회 공통 기능 정비 및 보급마이넘버 카드 보급 ② 디지털 서비스의 UI/UX 개선 및 대국민 서비스 실현 ③ 포괄적인 데이터 전략 수립이다.[13]

중국의 데이터 경제
추진 현황

중국은 데이터를 디지털 경제 발전의 핵심 생산 요소로 간주하여 데이터 활용 인프라데이터 센터를 대대적으로 확충하고 있으며, 중앙정부와 지방정부가 모두 적극적인 데이터 활용 정책과 데이터 유통·거래 활성화에 필요한 법적 제도를 구비하고 있다.

　　중국 정부가 데이터의 중요성을 정책적으로 강조하기 시작한 것은 2015년 '빅데이터 발전 촉진을 위한 행동요강促进大数据发展行动纲要'부터이며, 이후 2016년 '제13차 5개년 규획"十三五"发展规划'과 2021년 '제14차 5개년 규획"十四五"发展规划' 등을 통해 더욱 강화되고 구체화되었다. 특히 2021년 4월 발표한 '제14차 5개년 규획'에는 국가 빅데이터 전략 추진이라는 목표하에 다양한 산업 현장과 밀접하게 연관된 빅데이터를 서비스와 인프라 중심으로 구축하겠다는 목표를 밝혔다. 2016년의 '제13차 5개년 규획'에서 빅데이터 산업을 육성하기 위해 관련 R&D를 강화하고 빅데이터 표준 시스템과 애플리케이션 개발, 데이터 보안 등에 주안점을 두었다면, '제14차 5개년 규획'에서는 지난 5년간 크게 성장한 중국 빅데이터 산업_{2020년 기준 8,000억 위안 규모}을 배경으로 제조업, 의료, 교통, 농업, 에너지 등 다양한 실물경제 현장에 빅데이터를 적용·융합하는 쪽으로 데이터 경제 발전 방향을 전환하였다고 평가할 수 있다.

중국의 데이터 산업 육성기구는 공업정보화부_{工業和信息化部}로 산하 기관인 국가정보센터_{國家信息中心}를 통해 데이터 산업 육성 정책 수립, 시범 프로젝트 운영, 데이터 센터 구축 등을 추진하고 있다.

중앙정부의 '제14차 5개년 규획'에 발맞추어 지방정부[14]들도 지역별 특성에 따른 디지털 경제 활성화 정책을 수립하여 발표하고 있다. 각 지방정부는 데이터 인프라 구축 및 전자정부 시스템 확립을 목표로 디지털 경제 활성화를 위한 데이터 요소 시장 혁신, 네트워크 구축, 데이터 거버넌스 등을 적극 추진하겠다고 밝혔다.

그중 저장성 정부는 2021년 6월 지방정부 가운데 가장 먼저

'디지털 정부 건설을 위한 14차 5개년 규획数字政府建设十四五规划'을 발표하였는데, 2025년까지 전자정부 시스템 구축 및 지능형 거버넌스 수행을 목표로 데이터 정책을 적극 추진하여 데이터 혁신 및 데이터 거버넌스를 확립하겠다고 공언했다. 이를 위한 주요 6대 과제 중 하나로 개방형 공유 데이터 거버넌스 시스템 개선을 위해 지능형 공공 데이터 플랫폼 구축과 데이터 자원 공유 및 개방형 애플리케이션 혁신 강화 등을 진행할 예정이다. 이러한 통합 지능형 공공 데이터 플랫폼에 기반하여 정부기관의 디지털 운영 및 관리 역량을 향상하는 것도 목표로 하고 있다.[15]

중국 공업정보화부의 산하 연구기관인 중국정보통신연구원中国信息通信研究院, CAICT은 2020년 7월 중국의 디지털 경제 현황 및 디지털 경제 정책의 방향을 종합적으로 제시하는 '중국 디지털 경제 발전 백서中國数字經済发展白皮书'[16]를 발표하였다. 이 백서의 핵심은 중국 정부가 데이터를 디지털 경제 발전의 핵심 생산요소로 보며, 중국의 디지털 경제는 급속한 발전을 이루어 현재 '3화化'에서 '4화化' 구조로 개편하는 단계에 진입하였다는 것이다.[17] 중국정보통신연구원이 제시하는 디지털 경제 4화의 개념은 무엇일까.

먼저 1단계 2화2017~2018에는 디지털 산업화와 산업 디지털화가 포함된다. 디지털 산업화란 디지털 경제 발전에 필요한 기술, 제품, 서비스, 솔루션 등을 제공하는 디지털 산업을 육성하는 것이다. 산업 디지털화란 전통 산업제조업, 농업, 유통 등의 서비스업 현장에서 데이터 기반의 디지털 기술을 활용함으로써 발생하는 생산성 향상 및 혁신을 뜻한다.

다음으로 2단계 3화2019에는 디지털 산업화와 산업 디지털화에 더해 디지털 거버넌스가 포함된다. 디지털 거버넌스란 디지털 기술을 활용해 행정 관리제도와 체계를 수립·정비하고 서비스 관리 감독 방식을 혁신하며 행정 의사결정, 행정 집행, 행정 조직, 행정 감독 등 체계를 개선하는 새로운 정부 거버넌스 모델을 가리킨다.

여기에 더해 3단계 4화2020년 이후는 데이터 가치화까지 진행하는 것이다. 데이터 가치화란 데이터의 수집, 권리 확정, 가격 결정, 거래 등을 포함한 개념[18]으로서 자원화, 자산화, 자본화를 의미한다.

중국은 지난 5년간의 집중적인 빅데이터 산업 육성 정책으로 이미 데이터 공급라인 및 데이터 산업 시스템을 구축하였으며, 데이터 관리와 활용 기술 및 인프라도 높은 수준에 이르렀다. 그러나 여전히 일각에서는 데이터의 시장화 및 유통 메커니즘의 발전이 보완되어야 한다는 지적이 나온다. 이러한 상황에서 중국의 디지털 경제 4화 구조는 데이터 가치화를 통해 디지털 경제의 기반을 다지고, 디지털 산업화와 산업 디지털화가 생산의 핵심이 되며, 디지털화 거버넌스가 생산을 보장하는 데이터 경제의 활성화를 의미한다고 볼 수 있다.

주

1부

1   FAO(유엔식량농업기구), The State of Food Security and Nutrition in the
    World 2020.
    2019년 현재 세계 인구의 9.7퍼센트(약 7억 5천만 명)가 심각한 수준의
    식량 불안에 노출되어 있고, 5세 미만 아동 중 성장 지연 아동 비율은
    21.3퍼센트(1억 4,400만 명)에 달한다.

2   2030 Agenda for Sustainable Development.

3   애그플레이션(Agflation)은 농업(Agriculture)과 인플레이션(Inflation)의
    합성어이다. 대부분의 인플레이션이 화폐 가치 하락으로 인한 물가
    상승이 원인인 데 반하여, 애그플레이션은 곡물 가격 상승으로 인해
    발생하는 연쇄적인 물가 상승인 것이 차이점이다. 2007년 세계 최대
    증권사인 미국의 메릴린치(Merrill Lynch)가 'Global Agriculture &
    Agflation'이라는 보고서를 발표하면서 처음 사용되었다.

4   박태식, 이융조, 〈소로리 볍씨 발굴로 본 한국벼의 기원〉,
    《농업사연구》(2004, 12) 3-2, 한국농업사학회, pp.119-132.
    세계 최고(最古)의 소로리 볍씨는 발굴 이후 미국의 권위 있는 방사성
    탄소연대 측정기관인 지오크론(Geochron)과 서울대의 AMS연구팀 등에서
    반복적인 검증을 거친 뒤 국제학회에서 공인받았다.

5   "When tillage begins, other arts follow. The farmers, therefore, are the founders
    of human civilisation."

6   Gordon Childe, *Man Makes Himself*, Watts & Company, 1936.

7   "호모 사피엔스 나이는 35만 년: 종전 화석 나이에서 5만 년 더 늘어나", 사이언스타임즈, 2017.9.29.

8   그리고 아담에게는 이렇게 말씀하셨다. "너는 아내의 말에 넘어가 따먹지 말라고 내가 일찍이 일러둔 나무 열매를 따먹었으니, 땅 또한 너 때문에 저주를 받으리라. 너는 죽도록 고생해야 먹고 살리라. 들에서 나는 곡식을 먹어야 할 터인데, 땅은 가시덤불과 엉겅퀴를 내리라. 너는 흙에서 난 몸이니 흙으로 돌아가기까지 이마에 땀을 흘려야 낟알을 얻어먹으리라." 창세기 3:17-19.

9   Ester Boserup, *The Conditions of Agricultural Growth: the economics of agrarian change under population pressure*, G. Allen and Unwin, 1965.

10   영국의 경제학자 겸 성공회 신부인 토머스 맬서스(Thomas R. Malthus)가 저서 《인구론》에서 주장한 사회 이론으로, 식량 생산은 산술급수(arithmetic)적으로 증가하나 인구는 기하급수(geometric)적으로 증가하기 때문에, 급속한 인구 증가 문제를 해결하지 못하면 결국 기아, 질병, 전쟁 등 재앙에 직면하는 사태가 온다고 주장했다. 맬서스의 주장은 근대 국가의 인구 정책에 많은 영향을 미쳤는데, 한국에서도 1960년대에 '덮어놓고 낳다 보면 거지꼴을 못 면한다' 등의 슬로건을 앞세운 산아 제한 정책으로 나타났다.

11   근대 경제학의 아버지라고 불리는 애덤 스미스보다 100년 전에 노동과 토지의 중요성("노동은 부의 아버지이고, 토지는 부의 어머니이다") 및 무역과 상업 촉진을 위한 자유방임(laissez faire)을 제창하여 훗날 애덤 스미스의 '보이지 않는 손'의 기본 개념을 제시하였다. 카를 마르크스는 "근대 경제학의 건설자, 가장 천재적이고 독창적인 학자"라고 윌리엄 페티를 평가하였다.

12   영국과 호주의 경제학자이자 통계학자로 국가 경제 연구의 기초로 국민총생산(GNP)의 사용을 개척한 학자이다. 오랜 기간 호주 정부의 재무관료로 일하였고, 세계식량농업기구(FAO)와 옥스퍼드 대학교의 농업경제연구소(AERI) 소장 등을 역임했다.

13   사이먼 쿠즈네츠 교수는 세계 경제 발전 과정을 연구한 결과 "후진국이

공업화를 이루어 중진국에 도달할 수는 있으나, 자국의 농업·농촌 문제를 해결하지 않고 선진국에 진입할 수는 없다"는 주장을 제시하기도 하였다.

14 조이스 애플비, 주경철·안민석 옮김, 《가차없는 자본주의: 파괴와 혁신의 역사》, 까치, 2012.

15 사회의 새로운 움직임에 대항하여, 과거의 질서로 회귀하기 위하여 취하는 적극적인 움직임을 뜻한다. 현재 체제를 유지하거나, 현재 체제의 틀 안에서 온건하고 점진적인 개혁을 시도하는 보수주의와는 다르다. 반동이라는 단어는 프랑스 대혁명에서 권력을 잡은 로베스피에르가 무자비한 공포정치를 펼치다가 그 가혹함에 불만을 품은 반대파(국민공회)에 의해 숙청당한 사건에 대해 국민공회 측이 스스로 명명한 '테르미도르의 반동(Thermidorian Reaction)'에서 유래되었다. 반동이라는 개념이 나오기 약 400년 전의 일이지만, 필자는 이 시기 영국 정부의 정책에 대해 반동이라는 단어를 쓰는 것이 가장 적절한 표현이라고 생각한다.

16 Mark Overton, *Agricultural Revolution in England: The Transformation of the Agrarian Economy 1500-1850*, Cambridge University Press, 1996.

17 토마 피케티, 장경덕 옮김, 《21세기 자본》, 글항아리, 2014, p.15.

18 Robert L. Heilbroner & William Milberg, *Making of Economic Society*, Prentice Hall, 1962, p.57.

19 David Ricardo, *On the Principles of Political Economy and Taxation*, John Murray, 1817.
자본주의 사회를 구성하는 3대 계급(지주, 자본가, 노동자)의 소득, 즉 지대, 이윤, 임금의 대립 관계를 규명했다.

20 맬서스는 1798년 《인구의 원리가 미래의 사회 발전에 미치는 영향에 대한 소론(An Essay on the Principle of Population as It Affects the Future Improvement of Society)》 초판을 익명으로 출간하였으며 1826년까지 6번의 개정판을 출간하였다.

21 "Population, when unchecked, increases in a geometrical ratio, sub-sistence increases only in an arithmetical ratio. A slight acquaintance with numbers will show the immensity of the first power in comparison of the second. By that law of our nature which makes food necessary to the life of man, the effects of these two unequal powers must be kept equal. This implies a strong and constantly operating check on population from the difficulty of subsistence."

22 토마 피케티, 장경덕 옮김, 《21세기 자본》, 글항아리, 2014, pp.96–105.

23 이 시기의 인구 증가율은 약 0.5퍼센트 정도로, 이전 수천 년과 비교해 5~10배 급증한 것이다.

24 농사를 짓거나 수레에 짐을 실어 나르는 사역에 이용하는 소, 말, 당나귀, 노새 따위의 가축을 통틀어 지칭하는 말이다.

25 경제가 성장하면서 인류의 1인당 육류 소비량은 지속적으로 증가하였는데, 1,000칼로리의 닭고기 정육을 생산하기 위해서는 그 2배의 곡물이, 돼지 정육을 생산하기 위해서는 4배의 곡물이, 소고기 정육을 생산하기 위해서는 7배의 곡물이 투입되어야 한다.

26 흔히 혼용되어 사용되고 있지만 녹색혁명(Green Revolution)은 주로 1960년대 이후 미국을 중심으로 한 농업 선진국들이 개발한 품종 개량 등의 성과를 식량 부족에 직면한 개발도상국들이 적극적으로 도입하면서 세계적으로 농업 생산량이 획기적으로 증가한 사실을 지칭한다. 즉 2차 농업혁명의 일부만을 포함하는 개념이다. 19세기 중반 미국의 지원을 받아 멕시코에서 밀 생산량이 획기적으로 증가한 것을 그 시초로 본다.

27 소빙하기(小氷河期, Little Ice Age)는 지구의 기온이 간빙기에 비해서 비교적 낮게 내려갈 때를 이르는 말이다. 평균 기온이 2~3도 정도 강하해서, 농업 생산력과 어류 움직임이 크게 변화하는 사태가 나타난다. 현재로서는 근대적 측량 기록이 남은 17세기 중후반에 유럽의 기온 저하가 극에 달했음이 확인되어, 1400~1500년에서 1850년까지를 장기적인 소빙하기로 설정하는 경향이 있다.

28 감자에 대한 식량 의존도가 매우 높았던 아일랜드의 경우, 1845년 감자역병이 유행하자 대기근이 발생하였고 5년 동안 100만 명 이상이 아사하였다. 이때 약 150만 명의 아일랜드인들이 굶주림을 피해 미국으로 이주하여 현재 약 3,500만 명에 이르는 아일랜드계 미국인의 원류가 되었다. 존 F. 케네디나 로널드 레이건, 그리고 조 바이든 미국 대통령 등이 아일랜드계이다.

29 데이비드 에저턴, 정동욱·박민아 옮김, 《낡고 오래된 것들의 세계사: 석탄, 자전거, 콘돔으로 보는 20세기 기술사》, 휴머니스트, 2015, pp. 184–185.

30 아이오와 출신의 발명가로 원래는 증기기관 탈곡기 제조업을 하였으나, 1892년에 증기기관 대신 내연기관을 활용한 16마력 트랙터를 발명하였다. 그는 스튜어트라는 상인과 동업하여 워털루 가솔린 엔진 회사를 설립하고 전 재산을 투입하여 트랙터를 개발하였으나 실제 판매된 것은 2대에 불과하였다. 실망한 그는 고향으로 돌아가 세탁기를 발명하여 큰돈을 벌었다. 그가 떠난 후 워털루 가솔린 엔진은 1911년 '워털루 보이'라는 당시로서는 혁신적인 트랙터를 개발하여 선풍적인 인기를 끌었고, 1918년 농기구 메이커의 전통 상점이었던 디어&컴퍼니가 이 회사를 매수하여 세계적인 농기계 메이커 존디어로 발전했다.

31 여기에서 다루는 20세기 트랙터의 발전에 관한 대부분의 내용은 일본의 농업사학자 후지하라 타츠시가 저술한 《트랙터의 세계사》 내용을 발췌·요약한 것이다. 좀 더 자세한 내용은 트랙터에 관한 거의 모든 역사를 정리한 이 저서를 참고하기 바란다.

32 Colin Tudge, *So Shall We Reap*, Allen Lane, 2003, p. 69. 데이비드 에저튼, 《낡고 오래된 것들의 세계사》, p. 66 재인용.

33 *Historical Statistic of the United States: Colonial Times to 1957*, US Bureau of the Census, 1960, p. 289. 데이비드 에저튼, 《낡고 오래된 것들의 세계사》, p. 66 재인용.

34 찰스 다윈은 이러한 농부들의 우수한 종자 선택 방식에서 용어를 빌려 자연에서 환경에 의해 일어나는 선택에 대해 자연선택(natural selection)이라는 이름을 붙였다. 자연도태는 선택되지 못한 개체군이 사라지는 것으로, 같은 의미이다.

35 육종은 농작물의 수확량과 품질을 향상하기 위해 품종을 개량하는 것을 지칭한다.

36 순화(domestication)는 야생 동·식물을 사람에게 유용한 가축·작물로 변화시키는 과정이다.

37 노먼 볼로그는 미국의 농학자이며 식물병리학자이다. 다수확 밀의 개발과

보급을 주도하여 인류의 복지를 증진(녹색혁명)시킨 공을 인정받아 1970년에 노벨평화상을 받았다.

38   USDA ERS, "The 20th Century Transformation of U.S. Agriculture and Farm Policy"(*Economic Information Bulletin* No.3, 2005.6)에서 발췌·정리.

39   "Humanity would always find a way and The power of ingenuity would always outmatch that of demand."

40   EU 공동 농업 정책(Common Agriculture Policy)은 1962년에 출범했다. EU의 전신인 유럽경제공동체(EEC)가 1957년 구성된 후 가장 먼저 성립된 유럽의 공동 정책이 CAP이며, EU 예산의 약 40퍼센트를 차지하는 가장 비중이 큰 정책이다.

41   CAP 2014−2020은 직불금 정책과 농촌 개발 정책으로 대분되는데, 먼저 직불금 정책에는 교차 준수조건(Cross−Compliance)을 의무 사항으로 도입하고, 환경친화적인 농법 도입을 의무 사항으로 하는 녹색 직불금(Green Payment)을 도입하였다. 또 농촌 개발 정책에는 모든 정책 사업을 시행하는 데 있어서 환경 보전을 중심으로 추진할 것을 원칙으로 천명하면서, 농업 환경 정책에 대해서는 모든 회원국이 총 농촌 개발 예산의 30퍼센트 이상을 배정하여 사용토록 하였다.

42   이상만 참사관이 쓴 "CAP 개혁, 미래 지속 가능한 농업을 위하여"(《나라경제》, 2012 May)와 안병일 교수가 쓴 "EU CAP 개혁 주요 배경과 개요"(《세계농업》 168호, 2014.8)에서 발췌·요약.

43   EC, "More from less — material resource efficiency in Europe: 2015 overview of policies, instruments and targets in 32 countries", *EEA Report*, No 10, 2016.

44   Remco Schrijver, "Precision agriculture and the future of farming in Europe", European Parliamentary Research Service, 2016.

45   "Digital Farming: what does it really mean? And what is the vision of Europe's farm machinery industry for Digital Farming?", *CEMA*, 13 February 2017. "정밀 농업, 스마트 농업 그리고 디지털 농업 그 정의와 차이점에 관한 고찰", https://brunch.co.kr/@ecotown/361, 검색일: 2022.3.15.

2부

1 디지털 전환을 위한 주요국의 대표적인 정책 사례로, 미국은 정보기술혁신재단(IT&IF)의 '물리적 거리 두기를 위한 디지털 정책(Digital Policy for Physical Distancing, 2020.4)', 중국은 '신 인프라 건설(新基建, 2020.3)', EU는 '유럽 신산업정책(A New Industrial Strategy for Europe, 2020.3)' 등을 꼽을 수 있다.

2 디지털 뉴딜과 그린 뉴딜을 양대 축으로 하는 한국판 뉴딜정책에는 2025년까지 총 160조 원(국비 114.1조 원)이 투입되며 이를 통해 총 190만여 개의 일자리를 창출한다는 목표를 갖고 있다.

3 R. H. Coase, "The Nature of the Firm", *Economica* 4(16), 1937, pp.386-405.

4 O. E. Williamson, *Markets and Hierarchies*, Free Press, 1975.

5 성형주, 〈농산물 도매시장의 유통효율화를 위한 정보화 전략요인의 우선순위 분석〉, 《식품유통연구》, 2019.6.

6 J. Marshark, *Economic Information, Decision and Prediction*, Dordecht, 1974.

7 성형주, 〈농산물 도매시장의 유통효율화를 위한 정보화 전략요인의 우선순위 분석〉, 《식품유통연구》, 2019.6.

8 S. Basu, John G. Fenald, NIcholas Oulton and Sylaya Srinvasan, "The case of the Missing Productivity Growth or Does Information Technology Explain Why Productivity Accelerated in the United States But not in the United Kingdom?", *NBER Macroeconomics Annual* Vol.18, 2003.

9 *The Digital Transformation of Industry*, Roland Berger Strategy Consultants and Bundesverband der Deutchen Industrie e.V., 2015.

10 David Newman, "How to Plan, Participate and Prosper in the Data Economy", *Gartner Research*, 2011.

11 EC, "Communication on data-driven economy", 2014.

12   유럽 데이터 전략 2020(European strategy for data 2020)에는 다음과 같은
      대목이 있다. "오늘의 승자가 반드시 내일의 승자라는 법은 없다(The
      winners of today will not necessarily be the winners of tomorrow)." 이는 EU가
      현재는 미국과 중국 등에 비해 데이터 경제 부문에서 조금 뒤처져 있지만,
      적극적인 추격 정책을 펼치겠다는 의미로 해석할 수 있다.

13   IoT, Cloud, Big data, AI & Mobile 등 4차 산업혁명을 주도하는 기반 기술.

14   페타바이트(petabyte)는 데이터의 양을 나타내는 단위이다. 1페타바이트는
      1,024테라바이트, 또는 1,125조 8,999억 684만 2,624바이트에 해당한다.

15   이 부분은 'US Agricultural Innovation Strategy: A Directional Vision for
      Research'와 한국농촌경제연구원이 발행한 국제농업정보(《e−세계농업》,
      2021년 제7호)의 내용을 정리한 것이다.

16   피보팅(Pivoting)은 시장과 상품의 적합성을 고려하여 기존의 사업
      모델(Business Model, BM) 업그레이드를 계속 해나가는 일, 즉 'BM의
      구조화된 코스 수정'으로 정의된다.

17   성형주, 〈농산물 유통효율화를 위한 공영 도매시장 정보화 방안 연구〉,
      전남대학교, 2019, pp.81−83.

18   디지털 시대의 신종 거간꾼 시장 모델 비판. 이광석, 〈자본주의
      종착역으로서 '플랫폼 자본주의'에 관한 비판적 소묘〉, 《문화과학》 92호,
      2017.

19   M. Jouanjean, et al., "Issues around data governance in the digital transformation
      of agriculture: The farmers' perpective", *OECD Food, Agriculture and Fisheries
      Papers*, No.146, OECD, 2020.

20   WAGRI는 농업 데이터 플랫폼이 다양한 데이터와 서비스, 가치사슬 등의
      조화를 촉진한다는 의미에서 '화(和, 일본어로는 WA)'와 'Agriculture'의
      'Agri'를 합성한 조어이다.

21   성형주, 〈농산물 유통효율화를 위한 공영 도매시장 정보화 방안 연구〉,
      전남대학교, 2019.

22   네트워크 효과란 상품이나 서비스의 가치가 그 상품이나 서비스를

사용하는 소비자의 수에 의존하여 나타나는 총체적 효과이다. 이는 재화나 서비스를 향유하는 사람 수의 제곱에 비례하는 것으로 알려져 있으며, 하나의 네트워크 효과가 또 다른 재화의 구매로 이어진다. 양면 네트워크 효과란 네트워크 효과를 양 측면, 즉 공급자와 수요자 모두에게 확대하는 것을 의미한다.

23 "A smart and sustainable digital future for European agriculture and rural areas." https://ec.europa.eu/eip/agriculture/en/news/eu-agriculture-smart-and-sustainable-digital.

24 EIP-AGRI: European Innovation Partnership on the Agricultural Sustainability and Productivity.

25 "The EIP-AGRI has been set up as a new tool to help create an innovation culture in the agricultural and forestry sector with the aim of fostering a competitive and sustainable sector that 'achieves more from less' and contributes to ensuring a steady supply of food, feed and biomaterials, and the sustainable management of the essential natural resources on which farming and forestry depend by working in harmony with the environment." https://ec.europa.eu/eip/agriculture/.

26 급격한 식량 수요 증가에 대응하기 위한 지난 200년간의 증산 방식(19세기의 경작지 확대, 20세기의 비료·농기계·종자 개량 등)을 '보다 많은 투입과 산출(More from More)'이라고 본다면 'More from Less' 방식은 적소·적시에 최적량을 정밀하게 투입하는 방식으로 자원도 절감하고 환경도 보호하는 방향으로 전환하는 것을 의미한다. 데이터 기반 디지털 농업이 이를 실현할 수 있다는 개념이라고 해석할 수 있다.

27 삼정KPMG 경제연구원, 〈스마트 농업, 다시 그리는 농업의 가치사슬〉, 《Issue Monitor》 제119호, 2019.12.

28 국가 및 지역 차원의 특정 농업·농촌 문제에 대한 현장 주체 중심의 솔루션 탐색·확산을 목표로 하는 프로젝트 실행 조직.

29 범유럽 차원의 R&D 사업 프레임워크 프로그램(Framework Programme, FP)과 경쟁력·혁신 사업(Competitiveness and Innovation Framework Program, CIP), 유럽 혁신기술 연구소 사업(European Institute of Innovation and

Technology, EIT)을 포괄한 EU의 R&D 종합전략으로서 유럽의 향후
10년을 준비하기 위한 미래 전략인 'Europe 2020'에 연계되어 추진되었다.

30   https://cordis.europa.eu.

31   日本経済再生総合事務局, 未来投資戦略2018概要: 'Society 5.0'
      'データ駆動型社会'への変革, 2018.6.

32   '소사이어티 5.0'이란 일본 정부의 과학기술 정책 지침 중 하나인 '제5기
      과학기술 기본법(2016-2020)'의 캐치프레이즈로 등장한 개념이며, 사이버
      공간(가상공간)과 물리적 공간(현실공간)을 고도로 융합한 시스템을 통해
      경제 발전과 사회적 과제를 동시에 해결하는 인간 중심적 사회를
      의미한다.

33   한국산업기술진흥원(KIAT), 〈일본의 '미래투자전략 2018'〉, 산업기술
      정책브리프, 2018.7.

34   농업·식품산업기술종합연구기구(National Agriculture and Food Research
      Organization)는 일본 최대의 농업연구소로 정직원만 약 3,300명, 연간
      예산 약 640억 엔으로 농업 전반에 대한 연구와 조정기능을 담당하고
      있다.

35   남재작, 〈노지 스마트 농업, 어떻게 추진해야 하나〉, 《시선집중 GS&J》
      제276호, 2020.3.12.

36   신동철, 〈일본의 농업 빅데이터 활용 현황〉, 《세계농업》 227호, pp.3-21.

37   농업인의 생산성 향상을 위한 농업 기술 지도가 주요 업무임. 한국의
      농촌지도사와 유사하다.

38   신동철, 〈일본의 농업 빅데이터 활용 현황〉, 《세계농업》 227호, 2019.7.

39   장 웨이웨이, 성균중국연구소 옮김, 《중국은 문명형 국가다》, 지식공작소,
      2018.

40   "'스마트 농업' 통해 농업 굴기 꿈꾸는 중국", 뉴스핌, 2019.9.18.

41   '중앙 1호 문건'이란 중국 공산당중앙위원회가 2004년부터 매해 가장 먼저
      발표하고 있는 문건으로, 중국 정부의 새해 첫 지시사항을 의미한다.

일반적으로 핵심 국정 과제이자 최대 역점 사업으로 삼는 주요 사항을 담는다.
2021년 중앙 1호 문건은 '중국공산당 중앙위원회·국무원의 향촌(농촌) 진흥 추진을 통한 농업·농촌 현대화 가속화에 관한 의견'이었다.

42 샤오캉은 1979년 덩샤오핑이 처음 제창한 용어로 국민의 생활이 비교적 안정적인 상태를 의미하며 배불리 먹을 수 있는 단계(溫飽)와 풍족한 단계(富裕)의 중간 단계에 해당한다.
전면적인 샤오캉 사회란 단지 배부르게 먹는 문제 해결에 그치지 않고 정치, 경제, 문화, 사회, 생태 등 각 방면에서 도농 균형 발전을 달성하는 상태이다.

43 정정길, 〈중국 2020년 양회 결과, 농업·농촌정책 방향과 시사점〉, KREI 현안분석(제76호), 2020.7.7.

44 삼정KPMG 경제연구원, 〈스마트 농업, 다시 그리는 농업의 가치사슬〉, 《Issue Monitor》 제119호, 2019.12.

45 스마트 농업 추진 사례는 아래에서 발췌, 요약하였다.
"중국 농업, 이제는 '스마트팜' 시대", KOTRA 해외시장뉴스, 2019.3.21.

46 알리윈(阿里云, Aliyun)은 알리바바(Alibaba)의 자회사로서 주로 온라인 비즈니스와 알리바바 자체 생태계를 대상으로 클라우드 컴퓨팅 서비스를 제공한다.

47 무(亩)는 중국식 토지 면적 단위이다. 1무는 한국 기준으로 약 200평에 해당한다.

3부

1 농업기계화 촉진법에 따른 농업기계화 기본계획 1차-4차('79-'01)에 따른 농기계 공급·개발·공동 이용 사업이다.

2   필자가 함양 조공을 방문한 10여 일 후인 2023년 7월 7일 함양군
    농업기술센터에서는 농림축산식품부, 전국 양파·마늘 주산지 담당자 등
    30여 명이 참석한 가운데 밭농업기계화 우수 모델 육성을 위한
    주산지협의체 회의가 개최되었다. 이날 회의에는
    밭농업기계화(양파·마늘) 우수 모델 육성을 위한 2년 차 추진 시·군
    4개소(함양·무안·창녕·영천), 1년 차 2개소(함평·신안), 신규 희망
    7개소(태안·남해·합천·해남·고흥·고령·의성군)가 참석해 밭농업기계화
    우수 모델 육성 협력 방안에 대해 협의하였다. 밭농업기계화 우수 모델
    사업은 농식품부에서 역점적으로 추진하는 정책 사업으로 농작업 특성상
    일시 인력 수요가 많고 전 과정(육묘·정식·수확·저장) 농기계가 개발된
    양파·마늘 두 품목에 대해 추진되고 있으며 2025년까지 전국 양파·마늘
    주산지 시·군 27개소에 확대될 예정이다.

3   전체 수리시설(7만 3천 개소) 중 30년이 넘은 시설이 60퍼센트를
    상회한다. 농림축산식품부, 2021.

4   농업 부분의 온실가스 배출량은 연간 약 20.4백만 톤, 벼 재배 6.0백만 톤,
    가축 장내발효 4.4백만 톤, 가축 분뇨 4.2백만 톤, 농경지 토양 5.8백만 톤
    등이다.

5   질소비료 사용량(kg/ha)은 한국 133.8, 미국 72.6, 스위스 114.8, 호주
    35.1, 일본 85.6이다.

6   FTA는 자유무역협정(Free Trade Agreement)으로, 무역 자유화를 위한 경제
    통합의 가장 기초적인 형태이다. 회원국 간 교역이 이루어지는 상품과
    서비스에 대하여 관세를 철폐하는 것을 뜻한다.

7   CPTPP 가입은 윤석열 정부의 국정 과제 중 하나로, 대선 직후인 2022년
    4월 15일 가입 추진을 공식 의결하였다.

8   Douglass C. North, *Institutions, Institutional Change and Economic Performance*,
    Cambridge University Press, 1990.
    노스는 "중심 논점은 인간 협력의 문제이다. 구체적으로, 애덤 스미스
    국부론(wealth of Nations)의 핵심이었던 교역으로부터의 이득을 경제가
    획득하도록 하는 협력에 초점이 놓여 있다. 복잡한 교환에서의 협력적
    해결을 위한 호의적인 환경을 만드는 제도의 생성, 발전은 경제 성장을
    낳는다"라고 말한다. 덧붙여 노스는 "제도는 경로 의존성(path

dependence)이 있어 한 번 형성된 이후에는 쉽게 변화하지 못하기 때문에 장기적인 경제성과 차이의 원인이 된다"고 주장한다. 따라서 데이터 거버넌스는 초기에 한국적 특성을 반영하여 이해 당사자 간 협력 방안을 고려해 수립해야 한다.

9 전 세계적으로 서비스 산업의 비중이 지속적으로 증가함에 따라 서비스 산업을 보다 체계적으로 이해하고 생산성을 향상시키기 위해 다학제적 방법론으로 등장한 신학문 분야이다.

10 Stephen L. Vargo & Robert F. Lusch, "Service–Dominant Logic: Continuing the Evolution", *Journal of the Academy of Marketing Science*, Vol. 36, 2008.

11 P. P. Maglio and J. Spohrer, "Fundamental of Service Science", *Journal of the Academy of Marketing Science*, Vol. 36, 2008.

12 인간의 인지, 학습, 추론 등 고차원적 정보 처리 활동을 ICT 기반으로 구현하는 기술. 인공지능(AI)에 데이터 활용 기술인 사물인터넷(IoT), 빅데이터(Big data), 클라우드(Cloud), 모바일(Mobile)이 결합되어 AI+IBCM으로 표현한다.

13 전통적인 영세 소농의 경우는 관행에 따라 농작물과 파종 시기 및 출하 방법 등을 선택해왔지만, 대다수 농민에게는 온난화로 인한 재배적지의 이동 및 확대 등으로 인한 산지 간 경쟁 관계, 수입 농산물 증가와 소비 성향 변화 등을 종합적으로 고려하여 수익을 창출할 수 있는 농산물을 선택하고 최적의 생산 방법, 상품화 방법, 출하 전략에 따라 효과적인 영농 계획을 수립하는 것이 점점 더 중요해진다.

14 김완배, 김성훈, 《농식품 유통론》, 박영사, 2016.

15 전방 산업(Down stream)과 후방 산업(Up stream)은 동일한 가치사슬의 흐름에서 산업의 앞뒤에 위치한 업종을 지칭한다. 최종 소비자가 구매하는 상품을 만들거나 서비스를 제공하면 전방 산업이라 부르고, 주로 그 상품의 원재료를 생산하는 산업을 후방 산업이라고 부른다. 농식품의 경우는 농산물을 생산, 수확, 저장, 선별하는 등의 산지 업무를 주로 후방 산업이라 할 수 있고, 소비지에서 이를 인수하여 가공, 전처리, 소포장하여 소비자에게 판매하는 등의 소비지 업무를 주로 전방 산업이라고 할 수 있다.

16 글로벌 유통업 강자 2023, 한국딜로이트, 2023. 4.

17 농산물 온라인거래소 설립 마스터플랜, 한국농촌경제연구원, 2022. 3.

18 이번 유통구조 선진화 방안은 농식품부가 2013년 '농산물 유통구조 개선 종합대책' 이후 10년 만에 제시한 유통 정책의 변화이다. 지난 10여 년간 농산물 유통 정책이 주로 생산자 단체 중심의 산지유통 규모화와 도매시장 거래제도 개선에 정책 역량을 집중하였다면 이번 정책은 그간 급변한 유통 환경 변화에 대응하고 유통비용을 절감하기 위해 농산물 유통의 디지털 전환 및 산지의 대량 공급체계 구축 등 근본적 구조 변화를 추진한다는 것이 주요 내용이다.

19 ❶ 산지의 상품화 과정을 자동화하고, ❷ 디지털화된 상품·거래 정보를 활용하며, ❸ 전·후방 산업과 정보 공동 활용 체계를 갖춘 첨단 산지유통시설이다.
농산물 유통구조 선진화 방안, 농림축산식품부, 2023. 1.

20 경로 의존성이란 미국 스탠퍼드 대학의 폴 데이비드 교수와 브라이언 아서 교수가 주장한 개념으로, 한 번 일정한 경로에 의존하기 시작하면 나중에 그 경로가 비효율적이라는 사실을 알고도 여전히 벗어나지 못하는 경향성을 뜻한다. 2009년 노벨경제학상 수상자인 올리버 윌리엄슨은 "역사적 사건 또는 정책적 선택으로 우발적 경로가 생성되었다가 자기 강화적인 과정을 거쳐 안정화되면 경로에 대한 잠김 효과(rock-in effect)가 생겨 경로 의존성이 발현되며, 정책 및 제도의 경로 변화는 이를 고려하여야 한다"고 주장했다.

21 농산물의 도매시장 경유율은 ('03) 78퍼센트→ ('10) 74퍼센트→ ('20) 58퍼센트로 감소하여왔으나 여전히 우리나라 청과부류 농산물의 절반 이상이 공영 도매시장을 경유한다.

22 경로 진화(path evolution)는 기존의 경로가 큰 줄기를 유지한 채 일부가 변화하는 점진적 변화가 지속적으로 누적되어 새로운 성격의 경로가 형성되는 것이다.
경로 창조(path creation)는 기존 경로에서 의도적으로 이탈하여 새 경로를 형성하는 것이다. 경로 의존과 경로 창조는 서로 대립하는 개념이라기보다는 항상 연결되어 상호 작용하는 관계이며, 장기적인 전략인 경로 진화의 본질은 두 가지의 조화이다.

23 인도 정부에서는 정보 비대칭 및 시장 운영의 낮은 투명성, 제한된 구매자 간의 경쟁으로 인한 불공정 거래, 높은 거래비용 등의 문제를 해결하기 위해 2016년 4월부터 전국 1,000여 개가 넘는 농산물 도매시장을 하나의 온라인 플랫폼으로 묶어서 운영하는 e-NAM(National Agriculture Market)을 운영 중이다.

e-NAM은 인도 카르나타카주에서 주 내에 소재한 약 200여 개의 도매시장(Mandis)을 연결하는 단일 온라인 플랫폼(Unified Market Platform, UMP)인 ReMS(Rashtriyae-Market Service, 2013)를 벤치마킹하여 전국 서비스로 확대한 것이다.

인도 농업위원회(NITI Aayog, 2017) 자료에 따르면 카르나타카주에서 UMP 운영의 결과로 출하주의 소득이 38퍼센트 정도 증가하는 등 조기에 성과가 나타나 지속적으로 확대·발전하게 되었다.

24 '농수산물 유통 및 가격안정에 관한 법률'로 주로 도매시장 운영·관리에 관한 내용과 농산물 수급 안정을 위한 내용으로 구성되어 있다.

현재 농안법을 분법하여 유통 경로별로 세분화하는 등 유통 4법 체계 입법 절차가 진행 중이다.

도매시장: (가칭) 도매유통법(농안법 분법), 직거래: 농산물 직거래법(현행), 온라인 도매시장: (가칭) 농산물 온라인 도매거래 촉진에 관한 법률(제정), 수급: (가칭) 수급안정법(농안법 분할).

25 중도매인의 도매법인 소속제는 폐지되었으나, 현장에서는 여전히 관행적 소속제가 유지되고 있으며, 중도매인이 동일 시장 내에서 다른 도매법인의 경매, 정가수의 등에 참여하는 경우는 매우 미미하다.

중도매인이 타 시장 경매, 정가수의 등에 참여하는 길은 원천적으로 막혀 있다.

26 오프라인 도매시장에서는 시장 질서 유지 등을 위하여 주요 품목별 경매 개시 시각과 장소를 지정하여 관리하고 있다.

서울시 농수산물도매시장 조례 시행규칙 38조(품목별 경매 개시 시각 및 경매 장소)는 다음 표의 내용을 담고 있다.

구분	품목	경매 개시 시각	경매 장소
과일류	포도, 복숭아, 감귤, 자두, 딸기, 멜론, 참외, 토마토, 박스 수박	02:00	과실 경매장
	사과, 배, 유자, 단감, 떫은 감, 기타 수박, 수입 과실(바나나, 오렌지)	08:30	
채소류	당근	제주산 08:00 기타 15:30	채소 경매장
	상추, 쑥갓, 시금치, 아욱, 근대, 열무, 청경채, 치커리, 얼갈이 중 박스 포장품, 대파	19:00	
	시금치, 아욱, 근대, 열무, 얼갈이, 옥수수, 봄동 중 비규격 출하품(일명 짝짐)	20:00	
	감자, 깻잎	21:30	
	버섯류, 부추, 미나리, 양배추, 고추	22:00	
	무, 배추, 포장 쪽파	22:00	청과배송 주차장
	피망, 가지, 호박, 오이, 양파, 시금치, 봄동(남부 지방 비규격 출하품)	23:00	채소 경매장

27 신제도학파(New Institutional Economics, NIE)의 거래비용경제학(Transaction Cost Economics, TCE)에서는 기업의 선택대안 중 내부화보다 외부 기업과의 거래비용이 낮은 경우에 기업 간 거래를 선택하게 된다고 주장한다. 즉 현재 수요처들이 오프라인 도매시장을 통해 농산물을 구매하는 것은 산지에서 직거래를 하는 경우보다 거래비용이 적기 때문이라고 볼 수 있으며, 최근 다수의 온라인 유통기업이 도매시장으로 돌아오는 것도 이러한 이유라고 볼 수 있다. 따라서 도매법인이 중도매인의 기능을 통합한 신규 1번 경로, 중도매인이 도매법인의 기능을 통합한 신규 2번 경로가 활성화되면 단기적으로 이러한 현상이 더 커질 수 있다. 그러나 중장기적으로 거래비용이 감소함에 따라 1번과 2번 경로의 거래가 3번 경로(산지유통과 소비지유통의 직거래)로 전환될 가능성이 크다.
거래비용경제학의 거래비용은 다음과 같이 세 가지로 분류된다. 도매법인 또는 중도매인 정보수집비용(information collection costs),

교섭비용(bargaining costs), 갈등−분쟁 조정비용(coordination costs).

부록

1   OECD, "The Digital Innovation Policy Landscape in 2019", 2019.5.

2   한국산업기술진흥원(KIAT)이 발행한 〈OECD 국가의 디지털 혁신 정책 현황〉(2019.6)에서 재인용.

3   한국데이터산업진흥원에 따르면 미국 데이터 브로커 시장은 약 1,832억 달러(약 220조 원, 2018년 기준)로 세계 최대 규모이며, 유럽연합 전체를 합친 것보다 2배 이상 크다.

4   2021년 9월 21일 기준 세계 시가총액 순위 10위 중 과반수가 미국 IT 기업이다. (1위 Apple, 2위 Microsoft, 3위 Alphabet, 5위 Amazon, 6위 Facebook.)

5   EC, "Shaping Europe's Digital Future", 2020.3.

6   EC, "A European Strategy for data", 2020.2.

7   EC, "White Paper on Artificial Intelligence: a European approach to excellence and trust", 2020.2.

8   이하의 내용은 한국지능정보사회진흥원(NIA)의 보고서 〈데이터 경제 시대 EU의 대응〉(2020.7)에서 요약, 발췌했다.

9   한국데이터산업진흥원, 《DATA ECONOMY》, Vol.2, No.6. 2021.6. 유럽 오픈 사이언스 클라우드의 핵심 목표는 '국경을 넘은 개방적 연구 데이터 생태계'이다. EOSC는 유럽 내에서 국경을 넘어선 자유로운 연구 데이터 생태계를 구축하는 것을 목표로 하고 있다. 이를 위해 공통 데이터 스페이스 구축을 비롯해 EOSC 생태계로 합류할 수 있는 연구 데이터 인프라에 대한 지원도 진행하고 있다.

10   EU GDPR(유럽연합 일반 개인정보 보호법, General Data Protection
      Regulation).
      2016년 5월, EU가 디지털 단일시장에서 EU 회원국 간 개인정보의
      자유로운 이동을 보장하는 동시에 정보 주체의 개인정보 보호 권리를
      강화하는 내용의 일반 개인정보 보호법(General Data Protection
      Regulation)을 발효함에 따라, 이전까지 1995년 사용되던 개인정보 보호
      지침을 대체하여 적용했다.

11   일본 디지털청 출범과 그 함의, 전자신문, 2021.9.7. https://www.etnews.c
      om/20210907000170?mc=em_106_00001.

12   정부최고정보책임자포털(www.cio.go.jp).

13   한국데이터산업진흥원이 펴낸 Data Policy: US, China, Japan, EU,《DATA
      ECONOMY》Vol.3, No.6, 2022.6)에서 재정리.

14   중국은 지방 행정을 4개 계층의 수직 구조로 나누어 통치하는데, 여기서
      지방정부는 성급 행정구(省級行政区: 1급 행정구, 33개 직할시, 성,
      자치구, 특별 행정구)를 지칭한다.

15   한국데이터산업진흥원이 펴낸 〈Global News Trends in China〉(《DATA
      ECONOMY》Vol.2, No.8)에서 요약 정리했다.

17   이하의 내용은 정보통신정책연구원(KISDI)에서 발행한 〈중국 디지털
      경제 현황: 新생산 요소 '데이터'를 중심으로〉(2020.11.30.)에서 요약
      정리하였다.

18   중국정보통신연구원이 제시한 데이터 가치화 3단계의 개념은 ① (資源化)
      데이터의 수집, 저장, 처리 등을 통해 데이터를 자원화, ② (資産化)
      데이터 소유 권리 확정 및 가격 결정이 데이터 거래에 있어 핵심 요소,
      ③ (資本化) 출자 및 데이터 요소의 증권화를 통해 자본화 방식 혁신이다.

참고문헌

도서

나카니시 준코, 박선희 옮김, 《먹거리의 리스크학》, 푸른길, 2016.

데이비드 에저턴, 정동욱·박민아 옮김, 《낡고 오래된 것들의 세계사》, 휴머니스트, 2015.

로버트 하일브로너, 윌리엄 밀버그, 홍기빈 옮김, 《자본주의 어디서 와서 어디로 가는가》, 미지북스, 2016.

바츨라프 스밀, 강주헌 옮김, 《숫자는 어떻게 진실을 말하는가》, 김영사, 2021.

成生達彦(Nariu Tatsuhiko), 강경구 외 옮김, 《유통의 경제이론》, 충남대학교출판문화원, 2013.

유병린 편집, 《2020 세계 식량농업 통계연감》, FAO 한국협회, 2021.

장 웨이웨이, 성균중국연구소 옮김, 《중국은 문명형 국가다》, 지식공작소, 2018.

조병찬, 《한국 농수산물도매시장사》, 동국대학교출판부, 2003.

조이스 애플비, 주경철·안민석 옮김, 《가차없는 자본주의》, 2012, 까치.

토마 피케티, 장경덕 옮김, 《21세기 자본》, 글항아리, 2014.

후지시마 히로지, 위태석 옮김, 《도매시장유통의 사회적 역할과 전망》, 다리, 2012.

후지하라 타츠시, 황병무 옮김, 《트랙터의 세계사》, 팜커뮤니케이션, 2018.

Colin Tudge, *So Shall We Reap: How everyone who is liable to be born in the next ten thousand years could eat very well indeed; and why, in practice, our immediate descendants are likely to be in serious trouble*, Allen Lane, 2003.

Douglass C. North, *Institutions, Institutional Change and Economic Performance: Political Economy of Institutions and Decisions*, Cambridge University Press, 1990.

Ester Boserup, *The Conditions of Agricultural Growth: The Economics of Agrarian Change under Population Pressure*, George allen & unwin ltd, 1965.

Gordon Childe, *Man Makes Himself*, Watts & Company, 1936.

J. Marshak, *Economic Information, Decision and Prediction*, D. Reidel Publishing Company, 1974.

Mark Overton, *Agricultural Revolution in England: The Transformation of the Agrarian Economy 1500-1850*, Cambridge University Press, 1996.

US Bureau of the Census, *Historical Statistic of the United States: Colonial Times to 1957*, Washington, 1960.

보고서·자료

"'스마트 농업' 통해 농업 굴기 꿈꾸는 중국", 뉴스핌, 2019.9.18.

KOTRA 중국 샤먼무역관, "중국 농업, 이제는 '스마트팜' 시대", 해외시장뉴스, 2019.3.21.

김병률 외, 〈농업·농촌 분야 4차 산업혁명 기술 적용 현황과 확대방안〉, KREI, 2018.5.

김성우, 〈온라인 플랫폼 기반의 농산물 유통혁신, 현재와 미래〉, KREI, 2023

농업전망대회, 2023.1.

남재작, 〈노지 스마트 농업, 어떻게 추진해야 하나〉, 《시선집중 GS&J》 제276호, 2020.3.12.

노경화, 〈노지작물 기계화 우수사례(함양농협 양파)〉, 한국식품유통학회, 하계학술대회 2023.7.13.

산업연구원, 〈생산 요소 시장화 배치 메커니즘 구축에 대한 의견〉, 《중국산업경제 브리프》 6월 통권 72호, 2020.6.30.

삼정KPMG 경제연구원, 〈스마트 농업, 다시 그리는 농업의 가치사슬〉, 《Issue Monitor》 제119호, 2019.12.

서대석·김연중·김의준, 〈농업 경쟁력 제고를 위한 정밀 농업체계 구축 방안〉, KREI, 2020.10.

성형주, 〈농산물 도매시장의 유통효율화를 위한 정보화 전략요인의 우선순위 분석〉, 《식품유통연구》 제36권 제2호, 한국식품유통학회, 2019.6.

성형주, 〈농산물 유통효율화를 위한 공영 도매시장 정보화 방안 연구〉, 전남대학교, 2019.2.

신동철, 〈일본의 농업 빅데이터 활용 현황〉, 《세계농업》 227호, KREI, 2019.7.

안병일, 〈EU CAP 개혁 주요 배경과 개요〉, 《세계농업》 168호, KREI, 2014.8.

이광석, 〈자본주의 종착역으로서 '플랫폼 자본주의'에 관한 비판적 소묘〉, 《문화과학》 92호, 2017.

정보통신기획평가원, 〈중국, 포스트 코로나 시대의 디지털 혁신 가속화(2020년 양회의 ICT 정책)〉, 《ICT Spot Issue》(2020-10호), 2020.8.20.

정보통신정책연구원(KISDI), 〈중국 디지털 경제 현황: 新생산 요소 '데이터'를 중심으로〉, 《AI TREND WATCH》, 2020.11.30.

정정길, 〈중국 2020년 양회 결과, 농업·농촌정책 방향과 시사점〉, KREI 현안분석(제76호), 2020.7.7.

한국농촌경제연구원, 〈국제농업정보〉, 《e-세계농업》, 2021년 제7호.

한국데이터산업진흥원, 〈Data Policy: US, China, Japan, EU〉, 《DATA ECONOMY》, Vol.3, No.6, 2022.6.

한국데이터산업진흥원, 〈Global News Trends in China〉, 《DATA ECONOMY》, Vol.1, No.2, 2020.8.

한국데이터산업진흥원, 〈Global News Trends in USA〉, 《DATA ECONOMY》, Vol.1, No.1, 2020.7.

한국산업기술진흥원(KIAT), 〈OECD 국가의 디지털 혁신 정책 현황〉, 2019.6.

한국산업기술진흥원(KIAT), 〈일본의 '미래투자전략 2018'〉, 산업기술 정책브리프, 2018.7.

한국지능정보사회진흥원(NIA), 〈데이터 경제 시대 EU의 대응〉, 2020.7.

Christian Grönroos & Päivi Voima, "Making Sense of Value and Value Co-creation in Service Logic", *Hanken School of Economics Working Papers*, 2013.

EC, "Communication on data-driven economy", 2014.

Edward Curry, "The Big Data Value Chain: Definitions, Concepts, and Theoretical Approaches", *New Horizons for a Data-Driven Economy*, 2016.

EIP-AGRI(European Innovation Partnership on the Agricultural Sustainability and Productivity), "A smart and sustainable digital future for European agriculture and rural areas", 2019.5. (https://ec.europa.eu/eip/agriculture/en/news/eu-agriculture-smart-and-sustainable-digital).

Erik Brynjolfsson, "ICT, innovation and e-economy", in Hubert Strauss ed. "Productivity and growth in Europe: ICT and e-economy, *EIB papers*, Vol.16, 2011.

European Commission, "A Digital Single Market Strategy for Europe", 2015.5. (https://www.politico.eu/wp-content/uploads/2015/04/Digital-Single-Market-Strategy.pdf).

European Commission, "A European Strategy for data", 2020.2. (https://eur-lex.europa.eu/legal-content/EN/TXT/?uri=CELEX%3A52020DC0066).

European Commission, "Communication on data-driven econoy", 2014.

European Commission, "Shaping Europe's Digital Future", 2020.3. (https://ec.europa.eu/info/strategy/priorities-2019-2024/europe-fit-digital-age/shaping-europe-digital-future_en).

European Commission, "Towards a thriving data-driven economy", 2014.

European Commission, "White Paper on Artificial Intelligence: A European approach to excellence and trust", 2020.2. (https://commission.europa.eu/publications/white-paper-artificial-intelligence-european-approach-excellence-and-trust_en).

FAO, "The State of Food Security and Nutrition in the World 2020", 2020.

Gartner Research, "How to Plan, Participate and Prosper in the Data Economy", 29 March 2011.

J. Cavanillas et al., "Framing a European Partnership for a Big Data Value Ecosystem", *BIG and NESSI Report*. 2014.

OECD, "The Digital Innovation Policy Landscape in 2019, 2019.5.

Paul P. Maglio and Jim Spohrer, "Fundamentals of Service Science", *Journal of the Academy of Marketing Science* volume 36, 2008.

Remco Schrijver, "Precision agriculture and the future of farming in Europe", European Parliamentary Research Service, 2016.

Stephen L. Vargo and Robert F. Lusch, "Service-Dominant Logic: Continuing the Evolution", *Journal of Academy of Marketing Science*, Vol.36, 2008.

Stephen Vargo, Paul Maglio, Melissa akasa, "On value and value co-creation: A service systems and service logic perspective", *European Management Journal 26*, pp.145-152, 2008.

Susanto Basu, John G. Fernald, Nicholas Oulton & Sylaja Srinivasan, "The Case of the Missing Productivity Growth, or Does Information Technology Explain Why

Productivity Accelerated in the United States but Not in the United Kingdom?", *NBER Macroeconomics Annual 2003*, Vol. 18, 2003.

USDA, "The 20th Century Transformation of U.S. Agriculture and Farm Policy", Economic Information Bulletin No. 3, 2005. 6. (https://www.ers.usda.gov/publications/pub—details/?pubid=44198).

USDA, "US Agricultural Innovation Strategy: A Directional Vision for Research", 2021. 6. (https://www.usda.gov/sites/default/files/documents/AIS.508—01.06.2021.pdf).

USDA, "USDA Data Strategy", 2021.06.21.

USDA, "USDA Science Blueprint: A Roadmap for Usda Science from 2020 to 2025", 2020.2.24. (https://www.usda.gov/sites/default/files/documents/usda—science—blueprint.pdf).

日本経済再生総合事務局, 未来投資戦略2018概要: 'Society 5.0' 'データ駆動型社会'への変革, 2018.6.

홈페이지

Letsgrow https://www.letsgrow.com/en/features

CORDIS https://cordis.europa.eu

중국정보통신연구원 http://www.caict.ac.cn/

일본 정부최고정보책임자포털 https://cio.go.jp

WAGRI https://wagri.net/en—us/aboutwagri